听说
你的焦虑
被一株植物
治愈了

THE HEALING
POWER
OF PLANTS

[英]弗兰·贝利—— 著
李天蛟————— 译

治愈系植物
养护指南

快节奏时代
植物疗愈手册

中国出版集团　现代出版社

版权登记号：01-2021-1316

图书在版编目（CIP）数据

听说你的焦虑被一株植物治愈了：治愈系植物养护指南 /（英）弗兰·贝利著；李天蛟译. －－北京：现代出版社，2021.4
ISBN 978-7-5143-9167-1

Ⅰ.①听… Ⅱ.①弗… ②李… Ⅲ.①园林植物－观赏园艺 Ⅳ.①S688

中国版本图书馆CIP数据核字（2021）第082782号

THE HEALING POWER OF PLANTS: THE HERO HOUSE PLANTS THAT LOVE YOU BACK by FRAN BAILEY
Copyright © IP DEVELOPMENT CORPORATION 1991
This edition arranged with Ebury Publishing through Big Apple Agency, Inc., Labuan, Malaysia.
Simplified Chinese edition copyright © 2021 Beijing Qianqiu Zhiye Publishing Co., Ltd.
All rights reserved.

听说你的焦虑被一株植物治愈了：治愈系植物养护指南

著　　者	[英]弗兰·贝利
责任编辑	裴　郁
出版发行	现代出版社
地　　址	北京市安定门外安华里504号
邮政编码	100011
电　　话	(010) 64267325
传　　真	(010) 64245264
网　　址	www.1980xd.com
电子邮箱	xiandai@vip.sina.com
印　　刷	北京启航东方印刷有限公司
开　　本	880 mm × 1230 mm　1/32
印　　张	6
字　　数	100千字
版　　次	2021年8月第1版　2021年8月第1次印刷
国际书号	ISBN 978-7-5143-9167-1
定　　价	54.00元

版权所有，翻印必究；未经许可，不得转载

植物有
治愈力量

神奇的
居家植物
会回馈你的爱

目录

I 与植物为伴

- 001　有利于镇定情绪、放松身心的植物
- 019　有利于净化空气的植物
- 037　有利于提升睡眠质量的植物
- 049　有利于身心健康的植物
- 059　有助于减压的植物
- 069　有助于增添快乐和幸福感的植物
- 081　适合工作场所的植物
- 099　有利于治愈疾病、恢复健康的植物
- 111　有助于提升脑力与专注力的植物
- 123　有利于促进沟通交流与人际关系的植物
- 139　如何挑选植物
- 145　如何使居家植物保持良好状态
- 157　如何培育新植株馈赠亲友
- 167　适合不同室内空间的植物
- 173　十种易于打理的植物

- 178　相关资源
- 180　关于作者
- 181　鸣谢

翡翠珠

与植物为伴

现代社会，随着城市规模不断扩大，家庭与工作场合集中供暖及空调系统应用的迅速普及，植物在我们的生活中变得愈加重要。植物自古就与人类的生活息息相关，为我们提供氧气、饮食等，满足我们的基本需求。

植物不仅是吸入二氧化碳、释放氧气的地球之肺，也同样在为我们提供食物、为我们遮风挡雨，甚至充当药物。我们的先祖非常看重植物，对植物的表皮、种子、根部、油脂以及果实进行了充分利用，以维持自身健康，甚至治愈疾病。祖先们对植物的认知一般是通过直觉本能以及反复试验的方式获取的，并且随着后代的延续逐渐累积。今天，我们对植物已经有了较为全面的认识，可以更好地利用其治愈能力以及各种特性来满足自己的需求——保持清醒、镇定情绪、改善饮食、改善生活和工作环境等。

植物不仅可以调节地球的大气环境，对于我们的家庭生活，也同样大有裨益。为了净化空间站内的空气，美国国家航空航天局（NASA）的科学家们对不同植物进行了一系列测试，并挑选出了空气净化效率最高的植物种类。这些测试充分展示了植物是如何为我们过滤日常空气中的有害物质、释放氧气的。它们为我们集中供暖的干燥住宅环境增加湿度，并吸收家具、手工制品、清洁用品以及空气清新剂所释放的有害成分。

同样，我们也以更微妙的方式与植物保持着联系。生活于现代的我们，与自然环境的密切程度已远不及先祖们，但仍然需要时常去接近植物，拥抱大自然。在市区公园里散步，或者打理自己的花园，已经被证明对我们的身心健康都十分有益。而对于缺少室外空间的公寓住户，种植并打理居家植物也是与植物重新建立联系的有趣方式。同时，将热带植物等品种移植到我们明亮温暖的家中，还可以为我们的住处添加异域风情。

日常打理居家植物，有助于缓解我们的身心压力。观赏或触摸植物，据说可以改善心情，而将植物移到工作场所，则有助于提高工作效率、集中注意力。甚至当我们身体不适时，靠近植物还可以促进康复、改善心情。另外，植物同样极具审美价值——它们为室内环境带来的美感，是家具及装潢装饰的美感所无法比拟的。如今，居家植物的种类异常丰富，且植株极易获取。我们应该把握时机将它们带回家中，学习如何打理它们，同时，让它们帮助我们打理好自己的生活与健康。

本书使用指南

本书采用指南图册的编写方式,来帮助您获取植物治愈能力方面的知识。每一章节将为您列举相关植物的具体益处。如果您的家中已经拥有了该种植物,那您可以更加了解它们的具体特性和种植方式。毕竟,加深对于家中植物的了解和认识,有助于帮助您与其建立互惠互利的密切关系。请倾注爱意去打理自己的植物吧,它们同样会用爱回馈您。

关于植物的命名

为植物命名,其实是一个雷区。大多数植物除了统一的拉丁语(植物学)学名之外,通常还有很多不同的常用名称。为避免前后冲突,本书将采用其中一种常用名称,并附带拉丁语学名(斜体字)。拉丁语学名以属开头,首字母大写,用于描述该植物所属类别。属名之后为种名,采用小写,用于描述该植物的具体特性。例如,褐斑伽蓝,学名:*Kalanchoe tomentosa*(属:伽蓝菜属,种:褐斑伽蓝)。该种名为毛绒的意思,用以指代其柔软的叶子。

宝莲花和鹿角蕨

有利于镇定情绪、放松身心的植物

适当摆放的植物，有利于营造舒适放松、宁静的室内氛围。同时，把大自然的勃勃生机带回家中，有助于打造使人镇定、安心的居家环境。时常与植物共处，甚至只是看着绿色，也足以帮助我们镇定情绪，时刻准备好迎接生活的挑战。

肖竹芋

学名: *Calathea ornata*（属:肖竹芋属　种:肖竹芋）

光照 · 性喜半阴，叶子可能会被强光灼伤。仔细观察您会发现，叶子会自行转换方位来适应周边的光线条件。

湿度 · 性喜湿。您可以将肖竹芋与其他植物聚拢种植，或将花盆置于有潮湿鹅卵石的托盘中，为它打造湿润的微型气候条件。

水分 · 充分浇水并将盆土浸透。再次浇水之前，宜盆土脱水。严重缺乏水分时，它的叶子会卷起来。

日常打理 · 肖竹芋是为您客厅的昏暗角落增添色彩与生机的绝佳选择。但如果置于风口，则不利于它的生长。为使其健康生长，夏季应每两周添加一次稀释后的肥料，温度应保持在16℃以上。

肖竹芋堪称"森林女王"，外表美观，颇具人气。虽然不是居家种植的入门级植物，但如果种植方式得当，它同样可以茁壮成长并且长期存活。由于外观雅致，肖竹芋很适合在室内营造使人情绪镇定的氛围。幼叶表面的粉色条纹很像手绘的外观效果，成叶背面的紫红色部位可以吸收低度光照。肖竹芋生长状况良好的关键在于温度、湿度以及避免强光直晒暴晒——尽量为它营造类似亚马孙热带雨林的生存环境。（参见右侧配图）

鹿角蕨

学名：*Platycerium bifurcatum*（属：鹿角蕨属　种：鹿角蕨）

光照· 与其他蕨类植物不同的是，鹿角蕨性喜光，但最好是偏光。

湿度· 鹿角蕨通过叶子吸收水分，所以定期向叶面喷雾并保持较高的湿度，可使其生长状况良好。在较为凉爽的月份，尤其您住宅中的中央供暖已开启的时期，应时常为其喷雾。采光良好且环境湿润的浴室，是放置鹿角蕨的绝佳选择。

水分· 浇水频率应视温度及湿度而定。您可以触摸一下靠近鹿角蕨根部的椭圆形叶片背面，如果叶片背面较干，则将它放到水中浸泡几分钟。浇水时，应确认盆土干燥，浇水过度可能会致使根部腐烂。

日常打理· 为鹿角蕨换盆时，应使用兰花盆土或树皮碎片。靠近根部的圆形小型叶片会逐渐变为褐色，该现象并不代表鹿角蕨正在枯萎，请不要摘除鹿角蕨外层的干燥叶片。

鹿角蕨虽外形粗犷却不失优雅，如打理方式得当，将会是您居家植物的上乘之选。成功的关键在于了解它是如何在热带的原始栖息地生长的。它与兰科植物[1]、气生植物[2]等类似，均为附生植物[3]，可以借助较为细小的根系依附在宿主植物的表皮部位，并通过鹿角形的绿色叶片吸收水分与营养。在野生环境下，鹿角蕨可以生长到相当壮观的规模，并从林冠的树弯处倾泻而下。

您可能见过附生植物附着在树皮碎片上，这种种植方法完美重现了附生植物的原生状态，也是您在家中种植这一类植物的完美选择。您可以将鹿角蕨种植在花盆中，而作为独立品种用竹篮悬挂起来，则更能凸显它的独特魅力。将悬挂起来的鹿角形叶片的阴影投射在墙壁上，可以营造一种宁静祥和的居家氛围。（参见右侧配图）

---

[1] 译者注:如兰花等。

[2] 译者注:指不需要土壤,生长所需的水分和营养来自空气,仅需将根部依附在宿主上即可存活的植物,又称"空气植物"。地衣、苔藓、空气凤梨等均属此类。

[3] 译者注:又称"着生植物"。指附着在其他植物上生长的一类植物,一般不会对宿主产生损害。与寄生植物的区别在于,附生植物不会掠夺宿主的水分与营养。

文竹

学名：*Asparagus setaceus*（属：天门冬属　种：文竹）

光照・性喜光，最好为偏光。如光照严重不足，文竹的针叶将枯黄并脱落；而光照过强的情况下，则会被强光灼伤。

湿度・性喜湿。

水分・春季到秋季为文竹的主要生长季节，应定期浇水。冬季则应减少浇水频率。

日常打理・冬季应远离散热设施。中央供暖会降低室内湿度，定期喷雾可使文竹保持良好状态。

文竹外观雅致，当您结束一天的忙碌回到栽有绿植的家中时，您的疲惫会解除，您会感到身心放松。文竹虽然与烹饪用的芦笋有关，但并不能食用，也并不属于蕨类植物[1]。文竹是一种攀缘植物；在野外依靠茎部的突刺进行攀爬，依附在临近的大型植物上。成长为成熟植株之后，其浓密生长的习性会发生变化，文竹的羽状叶片将开始向四周延展，呈卷须状。（参见右侧配图）

---

[1] 译者注：文竹的英文名（*Asparagus fern*）字面意思为天门冬蕨。

金水龙骨

学名：*Phlebodium aureum*（属：多足蕨属 种：金水龙骨）

光照 • 性喜中低度光照。如气温较凉爽，则可承受强度偏光。强光直晒会灼伤叶片。

湿度 • 性喜湿，宜定期喷雾。

水分 • 可定期浇水，但应适量，蕨类植物不能忍受浸水。请保持种植环境排水通畅，以防积水致使根系与茎部腐烂。

日常打理 • 冬季应远离散热设施，换盆时应使用排水性良好的盆土材质，如树皮碎片等。

~~~~~~~~~~~~~~~~~~~~~~~~~~~~~~~~~~~~~~~

金水龙骨与其他蕨类植物不同，其叶片呈蓝灰色，形状奇特，较为柔软。作为附生植物，金水龙骨在野生环境下常附着在背阴的雨林树冠处。由于偏好凉爽、背阴、潮湿的生长环境，金水龙骨适合种植在朝北的厨房中，朝北的浴室效果更佳。金水龙骨可帮助您将家中的背阴空间打造为放松身心的绿色乐园。

白脉竹芋

学名：*Maranta leuconeura*（属：竹芋属　种：白脉竹芋）

光照・过滤后的阳光为宜。

湿度・应定期喷雾，或将花盆放置在有潮湿鹅卵石的托盘中。如叶尖发黄，则应增加湿度。

水分・春季到秋季应保持盆土湿润，冬季略保持干燥。

日常打理・适宜温度为16℃以上，适合种植在较温暖的浴室中。可将白脉竹芋与其他植物聚拢种植，为其打造湿润的微型气候条件，更有利于生长。

　　白脉竹芋的叶片会在夜间合拢，很像祈祷时合十的双手，在清晨的光线中则会再次打开，因而白脉竹芋又得名"祈祷花"。这一奇特现象可提醒我们多抽出时间来放松身心，比如早晚各抽出几分钟进行冥想等。白脉竹芋的叶片上有精细美观的条纹，叶片背面则呈鲜艳的深红色。白脉竹芋被人们称赞为漂亮的居家植物之一。

宝莲花

学名：*Medinilla magnifica*（属：酸脚杆属　种：宝莲花）

光照·性喜光，但应为偏光。

湿度·喜中高湿度。应定期喷雾，或将花盆放置在有潮湿鹅卵石的托盘中。

水分·浇水前应确认盆土已充分脱水。冬季进入休眠期时，应将浇水频率控制在两个星期一次。至春季宝莲花的茎部开始生长时，再增加浇水频率。

日常打理·夏季应每两个星期补充一次钾含量较高的营养液，并摘除干枯的花茎。

宝莲花外观优美，其花茎呈弓形，花苞为粉色，花朵绽放时呈淡玫瑰粉色，极具异国情调。宝莲花来自热带地区，如生长环境适宜且加以适当打理，它将为您的居家环境增添不少夺目的光彩。宝莲花性喜湿，因而如果可以每天喷雾，则对其生长十分有利。专注于这项简单的任务，同样可以使您在忙碌辛苦的一天结束之后，得到充分的放松，精神状态得到调整。（参见右侧配图）

龟背竹

学名：*Monstera deliciosa*（属：龟背竹属　种：龟背竹）

光照 • 性喜过滤后的光线，不宜强光直晒。幼年期植株可承受一定程度的背阴环境，在人造光环境下可良好生长。待植株成熟之后，应移至自然光线更加充足的环境中。

湿度 • 性喜湿润，可每隔几天喷雾一次。如使用棕柱种植龟背竹，喷雾可催生气根[1]，由气根攀附棕柱可起到固定作用。

水分 • 在气温较高的夏季月份，宜盆土表层干燥之后浇水。冬季月份宜减少浇水次数。

日常打理 • 龟背竹会向着光源处生长延伸，因而适于种植在天窗或楼梯井处。茎部会自然生长出气根，气根如生长过长，可不予置理也可以修剪掉。接近根部的气根还可以埋入盆土中。宜定期用湿布擦拭龟背竹的叶片，清除叶片上的灰尘。春季可视需求减掉一部分叶片。

龟背竹易于打理，是居家植物的人气之选。因其幼年期叶片呈深绿色，形如龟背，成熟之后会出现形似龟背纹的裂痕，因而得名龟背竹。龟背竹属于攀缘植物，市场上常将龟背竹固定在棕柱上出售。状态良好的龟背竹会快速生长，成为您家中引人注目的落地景观。它的端庄姿态会为您的居家环境带来宁静祥和的优雅氛围。（参见左侧配图）

---

[1] 译者注：指植物地表以上茎部表面生长出的、暴露在空气中的根。

空气凤梨

学名：*Tillandsia*（属：铁兰属　种：空气凤梨）

光照 • 性喜光，但应避免强光直晒。

湿度 • 偶尔喷雾可避免植株过度脱水。

水分 • 准备一个盛有常温水的较浅托盘，将空气凤梨放入水盘中补充水分。水宜雨水，或烧开并降温后的自来水，每个星期一次，每次30分钟。之后将空气凤梨取出并晾干，以避免根部发霉或腐烂。

日常打理 • 空气凤梨性喜温，并偏好空气循环良好的环境。您可以将空气凤梨种植在一块天然木材或树皮上，以模仿它的自然生长环境。不要用胶水将空气凤梨固定在木材上，胶水内的化学成分会严重影响其健康状况。

空气凤梨小巧精致，很少会有植物比它们更容易打理。这种植物通过叶片而不是根来吸收生长所需的水分和营养，因而您无须准备任何花盆与盆土。空气凤梨属于附生植物，通过根部将自身固定在宿主的树皮或树枝上，而不会对宿主的生长造成不良影响。多数空气凤梨每年开花一次，花朵华美艳丽。如果您家中的空间有限，可以将空气凤梨放置在置物架上，同样可以打造一个令人安心并放松的精致区域。（参见右侧配图）

心叶藤

学名:*Philodendron scandens*（属:绿绒属 种:心叶藤）

光照·性喜半阴,偏好过滤后的阳光。强光直晒会灼伤叶片,并使叶片枯黄。

湿度·性喜温暖湿润。可定期喷雾,或将花盆放置于有潮湿鹅卵石的托盘中。

水分·春季到秋季应使盆土保持湿润;冬季月份应仅在盆土干燥之后补充水分。

日常打理·定期用湿布擦拭叶片去除灰尘,有利于心叶藤进行光合作用,促进其健康生长。为使心叶藤茂密生长,可进行掐尖处理,剪除的部分可以在水中生根(参照第166页配图所示培育方式)。

如果您希望营造"丛林气息",那么心叶藤将是您的不二之选。心叶藤生长速度快,且易于打理,您可以将心叶藤放置在高处的置物架网格中,让它倾泻而下;也可以种植在低处,使用牵引线材或棕柱供其攀附向上生长。在极具现代化或极简主义风格的室内环境中,心叶藤的心形叶片可以在视觉上呈现出缓和室内僵硬线条的效果,打造一处有利于放松身心的绿色景致。(参见左侧配图)

广东万年青

有利于净化空气的植物

您可能对当今城市污染所造成的健康危害已经耳熟能详，但是您可能不知道，我们的室内居家环境也有可能遭到污染。我们的家居软装用品、油漆、清洁用品以及蜡烛等，都会挥发出甲醛以及苯等有害化学物质，这些物质会引起呼吸系统疾病以及过敏症状。美国国家航空航天局针对空间站内的空气环境挑选高效的空气净化植物时，发现虎尾兰、散尾葵以及不起眼的常春藤名列前茅。一般来讲，我们90％以上的时间都待在室内，所以完全可以使用植物来净化室内空气、降低有害物质含量。

五彩千年木

学名：*Dracaena marginata*（属：龙血树属　种：五彩千年木）

光照・性喜过滤后的阳光或半阴。如置于强光下直晒，叶子的色彩将会变淡。

湿度・性喜湿润，可与其他植物聚拢种植以增加湿度。

水分・春季至秋季应保持盆土湿润，冬季则应减少水量。该植物无法耐受水分过多的环境。

日常打理・为了限制该植物的生长规模，可修剪掉生长过长或破坏了整体形状的枝干。当缺乏水分、水分过多或被置于风口时，叶子边缘可能会变为褐色。

五彩千年木生命力较强，易于打理，颇具人气，生长高度可至3米，姿态宏伟。五彩千年木是有效净化空气的植物之一，可帮助我们清除室内的苯、三氯乙烯以及甲醛（这几类物质被认为存在致癌以及导致呼吸系统疾病的可能性）等有害物质。当您搬家的时候，可以将五彩千年木带到新居，它可以持续为您净化室内空气。将该植物与其他种类的植物聚拢种植，可以为其打造有助于生长的微型湿润气候条件，同时也有助于在日间增加室内的氧气含量。（参见左侧配图）

吊兰

学名：*Chlorophytum comosum*（属：吊兰属 种：吊兰）

光照•性喜过滤后的阳光或半阴。

湿度•低湿度为宜。

水分•春季至秋季应保持盆土湿润，冬季则应在盆土干透之后浇水。吊兰肥厚的块茎状根部有利于保持水分，因而其可以承受一定程度的干旱。

日常打理•对吊兰进行繁殖培育时，可直接剪取母株附近衍生出的幼体植株，单独栽种在较小的花盆中。

吊兰是易于种植的居家植物之一，且对于打理植物的新手来说，是空气净化类植物的最佳选择，因而在20世纪70年代，吊兰是家家户户必备的居家植物。家具软装、化学试剂以及黏合剂等物品会释放甲醛、二甲苯等有害物质，该类物质在室内累积会引发头晕、咳嗽、恶心以及头痛等不良症状，而吊兰可以将这些有害物质清除。您可以将吊兰种植在花篮或花盆中，使用流苏挂架悬挂起来，任其花枝散开并逐渐发育出幼体吊兰，赏心悦目，无比美观。

常春藤

学名:*Hedera helix*（属:常春藤属 种:常春藤）

光照 · 性喜光,但应避免强光直晒,也可耐受背阴环境。

湿度 · 性喜湿润。

水分 · 夏季月份应保持盆土湿润,天气转凉则应在盆土干透之后浇水。

日常打理 · 宜使用木架或藤条将较大的常春藤支撑起来;较小的植株则可以放置在置物架高处,任其枝叶蔓延下来。

常春藤一般不被人们当作居家植物,我们经常可以看到它在城市景区中蔓过围墙,或在树林中沿树干攀爬而上。不过,这种美观的藤蔓植物生长速度较快,同样也是我们用来净化室内空气的绝佳选择。常春藤不仅可以有效过滤空气中的甲醛和二甲苯(常由某些清洁用品释放),同样可以清除诸如霉菌、烟雾以及灰尘等空气悬浮颗粒,这对过敏症患者是有帮助的。根据叶片形状、植株生长规模、植株颜色以及斑纹等差别,常春藤有若干不同种类可供您选择。

花烛

学名：*Anthurium andraeanum*（属：花烛属 种：花烛）

光照·性喜光，偏光为宜。应避免阳光直晒。

湿度·性喜湿润，应经常喷雾。

水分·应按时浇水且不宜使盆土干透。但应确认盆土排水良好，且花盆底座不宜浸泡在积水中。

日常打理·在盆土中添加树皮碎片以增强盆土排水性能。如叶片枯黄，则可能需要换盆。

花烛来自热带地区，因具有色彩鲜艳的蜡质佛焰苞[1]而常为人们种植，但其深绿色的长圆状心形叶片同样非常美观。花烛性喜偏光以及温暖潮湿的生长环境，易于打理且适应能力较强，极适合作为居家植物种植。美国国家航空航天局将花烛列为过滤空气中甲醛、二甲苯以及其他有害成分的首选植物。（参见右侧配图）

---

[1] 译者注：天南星科植物特有的佛焰花序中，肉穗花序被形似花冠的总苞片包裹，该苞片被称为"佛焰苞"。

广东万年青

学名：*Aglaonema*（属：广东万年青属）

光照·低度光照为宜，应避免强光直射。

湿度·性喜湿润，可偶尔使用常温水对叶子喷雾。

水分·夏季月份应保持盆土湿润，冬季月份光照降低时应减少水量。不要将花盆浸在积水中，否则可能会导致根部腐烂。

日常打理·避免放置于风口处。该植物各部位均含有一定毒性，请注意避免误食。

~~~~~~

广东万年青外观雅致，叶片呈卵形[1]或卵状披针形[2]，常附有乳白色、粉色或银白色斑纹。该植物生长速度较慢，高度最高达50厘米，在小型公寓中，适合种植在阴凉角落。虽然外观小巧，但广东万年青却有着较强的空气净化能力，可除去空气中的甲醛、苯等工业有害成分，并在日间释放氧气。（参见右侧配图）

---

[1] 叶片中部以下最宽，向上渐窄，基部圆阔的叶形。
[2] 叶片呈卵形与披针形（中部或中部以下最宽，两端渐窄，如垂柳叶、桃叶等）结合的叶形。

虎尾兰

学名：*Sansevieria trifasciata*（属：虎尾兰属　种：虎尾兰）

光照 · 在温暖且光照充足的环境中长势最佳，但也可耐受背阴环境。

湿度 · 低湿度为宜。

水分 · 耐干旱，对水分要求较低，可约两个星期浇一次水、冬季一月浇一次水。

日常打理 · 当虎尾兰生长到较大规模且不适合原花盆时，可分株或剪取扦插为较小植株进行种植（参照第163页配图）。

虎尾兰生命力顽强，堪称空气净化植物中的"女王"。美国国家航空航天局的相关检测结果表明，虎尾兰可有效除去空气中的苯、甲醛、三氯乙烯以及二甲苯等有害成分，同时可以释放氧气，使室内空气更加清新。如果您希望选择一种植物来减缓呼吸道问题，那么虎尾兰将是您的绝佳选择。虎尾兰也被称为"千岁兰"，其硬革质叶片甚至可用于防弹。这种植物生长速度较慢，可以在您疏于打理的情况下维持较好长势。在无过度浇水的情况下，虎尾兰可存活长达数年之久。（参见左侧配图）

绿萝

学名：*Epipremnum aureum*（属：麒麟叶属 种：绿萝）

光照 · 性喜过滤后的阳光或半阴。

湿度 · 性喜湿润。

水分 · 春季至秋季应在盆土干透之后浇水。冬季月份保持盆土湿润即可。

日常打理 · 如果您将绿萝作为攀缘植物种植，可将其枝条捆绑在花架或种植框架上。修剪下来的枝条可以在水中快速生根（参照第166页配图所示培育方式）。

绿萝外表柔弱但生命力极强，非常适合新手种植。即便疏于打理，也能保持良好的生长，甚至可以在光线较差或水分不稳定的情况下生存下去。绿萝原产地为所罗门群岛，在野外，它的藤蔓可生长至20米长，沿树干蜿蜒而上直抵林冠处。不过，在家用花盆中，绿萝的生长速度会慢很多，您也可以时常对它进行修剪。您可以将绿萝放置在置物架高处，任其倾泻而下，黄绿相间又富有光泽的叶片可以为您的室内打造一处优雅景致。同时，绿萝可以过滤空气中的苯、甲醛以及二甲苯等有害物质，净化您家中的空气环境。

袖珍椰

学名：*Chamaedorea elegans*（属：竹节椰属　种：袖珍椰）

光照・性喜半阴。

湿度・性喜湿润，可耐受较高湿度，按时喷雾为宜。适合放置在厨房或浴室中。

水分・夏季月份应在盆土干透之后浇水，冬季可偶尔添加一次水分。浇水过量对其生长不利。

日常打理・靠近根部的叶片会随着生长转为褐色，可将这些叶片剪除。如叶片顶端转为褐色，则可能意味着空气过于干燥，或袖珍椰被置于风口处。

袖珍椰拥有雍容华贵的羽状叶片，优雅美观，自维多利亚时代起一直广受欢迎。这类室内棕榈植物可为您的家中增添一抹热带风情。袖珍椰不仅可以有效除去室内空气中的甲醛，而且易于种植，可生长至3米以上的高度，成为您家中赏心悦目的一道风景线。为使袖珍椰健康生长，请将其远离散热设施或其他直接热源放置。

白鹤芋

学名：*Spathiphyllum kochii*（属：包叶芋属 种：白鹤芋）

光照·性喜过滤后的阳光或半阴。

湿度·性喜湿润。

水分·应于盆土干透之后浇水，但不应使植株脱水至枯萎状态，否则其深绿色叶片将失去光泽且逐渐枯黄。

日常打理·易于打理。随着白鹤芋的生长，其白色肉穗花序（花穗）将褪色为绿色，并逐渐转为褐色。此时，可将肉穗花序除去。

白鹤芋是一种外观淡雅却会让您感到物超所值的居家植物，即便光线环境较差或疏于打理，白鹤芋仍可持续绽放数月之久。与此同时，它会持续为您除去如各类溶剂等释放出的挥发性有机化合物[1]。有关实验表明，白鹤芋同样可以除去空气中的霉菌，从而缓解相关的过敏症状以及哮喘症状。另外，白鹤芋还可以提高您的睡眠质量[2]。（参见右侧配图）

---

[1] 译者注：如涂料、油漆、黏合剂、清洁剂等释放出的有害有机物等。

[2] 译者注：原文未详细说明，但据推测以及其他有限的相关资料介绍，白鹤芋主要通过去除空气中的有害气体、增加空气湿度来提高睡眠质量。

波士顿蕨

学名：*Nephrolepis exaltata*（属：肾蕨属　种：高大肾蕨　栽培种：波士顿蕨）

光照·性喜过滤后的阳光或半阴。

湿度·性喜湿润，可耐受较高湿度。应按时喷雾。

水分·春季至秋季应保持盆土湿润，冬季月份则应在盆土干透之后浇水。

日常打理·较易于打理。如果叶片尖端变成褐色，则说明植株已脱水，需要提高湿度。为保持美观，可剪除靠近根部的枯萎叶片。气候较温暖的月份可每两周补充一次液态肥料。

波士顿蕨外观优雅，喜半阴与湿润环境。如种植在浴室中，其生长状态会非常稳定，并易于打理。在适宜的生长环境下，波士顿蕨可生长至直径一米的规模，用花篮或流苏挂架悬挂起来则最为美观。在较为干燥的室内环境中，尤其在开始中央供暖的冬季月份，可将波士顿蕨放置在有潮湿鹅卵石的托盘中以增加湿度。作为回报，波士顿蕨将为您清除室内空气中的甲醛、二甲苯等有害物质，并缓解该类物质所引发的头痛、呼吸系统疾病等。（参见右侧配图）

瓶子草与龟背竹

有利于提升睡眠质量的植物

释放大量氧气的植物,可起到安神作用,减轻失眠症状。一部分植物可以通过名为"景天酸代谢"(CAM)的光合作用在夜间而不是白天释放氧气。另外一部分植物,可以过滤空气中的有害物质,以及诸如霉菌孢子、细菌等微生物。这些物质会感染呼吸道、影响睡眠。还有一部分植物可以降低血压、减缓心律并起到安神作用。

多花素馨

学名:*Jasminum polyanthum*（属:素馨属　种:多花素馨）

光照·过滤后的阳光为宜，避免阳光直晒。

湿度·低湿度为宜。

水分·花期时，应避免植株干透，否则花朵可能会变成褐色并过早凋落。

日常打理·春季至夏季应每两个星期施加一次液态肥料。

多花素馨是一种美观的攀缘植物。它可以为您的房间带来迷人的芳香，从而起到镇定情绪、安神助眠的作用。市场上通常将其种植在箍架上，或包裹在金字塔框架上出售。花期来临时，它可以为令人感到压抑的冬日带来勃勃生机。花期结束且气温回升时，应将其置于户外。

薰衣草

学名:*Lavandula*（属:薰衣草属）

光照·可种植在阳光充足的窗边。

湿度·低湿度为宜。

水分·应于盆土干透之后浇水，浇水时应将盆土浇透。

日常打理·当薰衣草枯萎之后，可放置在防冻花盆中置于室外过冬。薰衣草再次开花时，可重新放回室内。

薰衣草可以帮助那些很难自我放松的人进行放松。薰衣草的气味具有镇定效果，可以降低血压、调低心率，从而缓解压力，提升睡眠质量。薰衣草精油通常被用作房间或枕头喷雾，而活体薰衣草植株具有相同的镇定效果，同时可以为您的卧室增添美观与芳香。（参见右侧配图）

散尾葵

学名：*Dypsis lutescens*（属：马岛棕属 种：散尾葵）

光照 • 性喜过滤后的阳光。

湿度 • 性喜湿润。可每隔几天喷雾一次，或将花盆置于有潮湿鹅卵石的托盘中。

水分 • 在温暖的夏季月份，尤其被置于阳光充足的环境下，应保持水分充足。冬季应减少浇水频率。

日常打理 • 花盆的尺寸会影响植株的大小，如想要限制其生长规模，可使用较小的花盆。散尾葵仅需每5—10年换盆一次。

散尾葵是易种植的棕榈类居家植物之一，生长高度可至2米。如果您的卧室有足够的空间，它将为您打造一处别致的景观。种植散尾葵有三大主要益处。首先，它是一种天然的空气增湿器，大一点的植株每天提供的水分可高达1升。其次，它可以清除空气中的有害毒素，包括刺激皮肤的甲醛。最后，这种神奇的植物会在夜间释放氧气，是提升睡眠质量效果颇佳的植物之一。

栀子花

学名：*Gardenia jasminoides*（属：栀子属 种：栀子）

光照 • 过滤后的光线为宜。

湿度 • 性喜湿，应按时向叶片喷雾（但不应向花朵喷雾），或将花盆放置于有鹅卵石和水的托盘中。

水分 • 应保持盆土湿润。条件允许的情况下，可使用雨水、烧开并冷却后的自来水或蒸馏水。冬季应减少水分。

日常打理 • 应放置在没有穿堂风的温暖房间。寒冷干燥的环境可能会导致花苞凋落。

栀子花会为您带来令人惊艳的美，但是并不易于种植。它的香气非常令人陶醉，有助于人进入深度睡眠并提升睡眠质量。相关测试结果显示，这种香气的助眠效果堪比安眠药与安定片。花费一点时间悉心打理栀子花，您将得到丰厚的回报。

蝴蝶兰

学名：*Phalaenopsis aphrodite*（属：蝴蝶兰属　种：蝴蝶兰）

光照·性喜光，但应为过滤后的光线。

湿度·性喜湿润，偶尔喷雾长势更佳。

水分·兰花一般不需要盆土，大多使用树皮碎片或兰花专用盆土进行种植。过度浸水不利于其生长，但干透也不利于气根生长。所以，可按时浸水，同时确保多余水分充分排出。条件允许的情况下可使用雨水、烧开并冷却后的自来水或蒸馏水。

日常打理·蝴蝶兰一年四季均可开花。为促进新花生长，可剪除其枝干水平方向第二节以上的枯萎花枝。

蝴蝶兰，花朵形态奇特，颇具人气。而随着这种植物的普遍供应，我们似乎已对它熟视无睹，今天，蝴蝶兰经常裹着塑料包装出现在超市收银台附近的货架上，无人问津。不过，您可以将蝴蝶兰与其他热带雨林植物（如肖竹芋）一同种植，或种植在深绿色叶片的蕨类植物中。在这些植物的衬托下，蝴蝶兰将大放异彩。蝴蝶兰同时也是一种理想的卧室植物，可以在夜间释放氧气，并清除常见于涂料与油漆中的有害毒素二甲苯。（参见左侧配图）

瓜栗

学名:*Pachira aquatica*(属:瓜栗属 种:瓜栗)

光照·性喜光,但应为偏光。

湿度·性喜湿,应每隔几日喷雾一次,或将花盆放置在有潮湿鹅卵石的托盘中。

水分·春季至秋季应每个星期浇一次水,或待盆土表层干燥后浇水。冬季应减少水量。

日常打理·可修剪茎尖使其生长更加茂密、集中。与其他居家植物相同,生长环境的变化会影响瓜栗的生长。当您购买了一株新瓜栗,它可能会掉落一些叶片,给它一点儿时间慢慢适应新家环境即可。

瓜栗俗称"发财树",被认为是可以带来好运和财富的吉祥之物,亚洲地区的风水师将其应用于转换风水中。这种树的原产地为南美洲地区的沼泽地带,生长高度可至18米。但如果使用较小的花盆并精心修剪,则可使其生长保持紧凑,保持适合作为居家植物的生长态势。瓜栗的幼体植株茎干柔软、柔韧性较强,且经常被编成辫子形态在市场上出售,因而瓜栗又被称作"辫子树"。这种植物易于打理,适于装点居家环境,且能够净化室内空气。如果您在夜间容易发作呼吸道问题,那么瓜栗将会是您卧室植物的良好选择。

蟹爪兰

学名:*Schlumbergera truncata*（属:蟹爪兰属 种:蟹爪兰）

光照・斑驳的偏光为宜。

湿度・性喜湿润,按时喷雾有利于其生长。

水分・保持盆土湿润,但不要将盆土浸透或将花盆置于积水中,水分过多对其生长不利。条件允许的情况下可使用雨水。

日常打理・花期过后蟹爪兰将进入休眠期,休眠期的几个月时间里应减少浇水与施肥,且应置于凉爽、无霜的环境中。春季,将其重新放回温暖且光线充足的环境中,按时浇水,蟹爪兰将很快萌发小小的花苞。

蟹爪兰外形美观,来自热带雨林地区。由于其花期处于冬季,因而又得名"圣诞仙人掌"。蟹爪兰易于种植,只要稍加打理和关注,就可以在圣诞节期间及时开花。它不仅可以在节日期间装点您的卧室,还可以在您的睡眠时间释放氧气,有效提升卧室内的空气质量。与其他净化空气的植物种类相同,它可以为您清除空气中包括甲醛和苯在内的毒素。

瓶子草

学名：*Sarracenia*（属：瓶子草属）

光照 • 性喜光。

湿度 • 性喜湿。

水分 • 这种食虫植物生长在沼泽环境中，因此持续湿润且排水良好的盆土有利于其生长。

日常打理 • 同比例的泥炭藓与粗沙混合而成的盆土，对其生长最为有利。食虫植物在冬季月份偏好凉爽环境。浇水时应使用雨水或蒸馏水，自来水中的化学成分对其生长有害。请注意避免将其置于高温、干燥的空气环境或风口。

在一个温暖的夏夜，当您躺在床上，恐怕没有什么比听蚊子细声嗡鸣更令人精神紧张的了。相关数据显示每年夏天的气温正在逐年升高，而这些从早到晚不知疲倦的蚊子数量似乎也在增加。食虫植物有助于控制蚊虫，无须使用任何化学灭虫药剂。食虫植物有三种不同类别：捕蝇草（学名：*Dionaea muscipula*），通过闭合顶端的利爪来捕食飞落的苍蝇；瓶子草（学名：*Sarracenia*），将猎物溺死在装着消化液的叶管中；茅膏菜（学名：*Drosera peltata*），通过叶片表面的黏液捕食昆虫。您可以在卧室中摆放一组食虫植物来营造安宁的睡眠环境，它们将在您的睡眠时间里捕食蚊虫，为您带来一夜好眠。（参见右侧配图）

八角金盘

有利于身心健康的植物

与植物共处可使您即时得到放松,改善身心健康状况。使用居家植物装点您的室内环境,还可以提高舒适感以及安全感。打理植物,同样可以帮助您照顾好自己的生活。

紫鹅绒

学名:*Gynura aurantiaca*（属:菊三七属 种:紫鹅绒）

光照·性喜光，但最好为偏光。如周围环境光线不足，植株表面的紫色将褪色。

湿度·低湿度为宜。应避免向叶片喷雾。

水分·避免水分过多，否则易导致根部腐烂。浇水前应确认盆土表层2厘米处是干燥的。

日常打理·该植物茎干或可生长过长，此时可以进行掐尖处理，以便其生长得更加集中茂密。

紫鹅绒外观别致，深绿色叶片表面覆有柔软的紫色茸毛，颇具哥特式情调，且触摸起来有天鹅绒一般的手感。与植物进行肢体接触，如触摸叶片，有助于降低人的压力水平并提升心理健康状况。这类互动对植物本身同样大有裨益，触摸叶片可促进植株的生化反应，增强其对病虫害的抵御能力，并使其茎干更加粗壮。

紫鹅绒寿命较短，作为居家植物或许仅能存活2—3年，但其生长速度极快，且极易进行插枝繁殖，因此从理论上来讲，母体植株可在数年之内持续提供幼体植株。（参见右侧配图）

芳香天竺葵（"玫瑰天竺葵"）

学名：*Pelargonium* （属：天竺葵属）

光照 • 性喜光，可放置在阳光充足的窗台上。

湿度 • 较低湿度为宜。

水分 • 应于盆土干透之后浇水。

日常打理 • 较冷月份应远离明火以及散热器等直接热源放置，也可以放在无霜的门廊中过冬。到了春天为了促进其生长，可以移到阳光充足的窗台并施加普通化肥。您可以将芳香天竺葵的叶片泡在热水中，制成一杯极具舒缓效用、含有玫瑰芳香的茶。

～～～～～～～～～～～～～～～～～～～～

日常那些刺鼻的合成类室内芳香剂，如喷雾剂、插电式芳香剂以及香薰蜡烛等，会通过可引发头痛的化学物质污染您家中的空气环境。当您拥有了芳香天竺葵这种纯天然的芳香剂，便可以远离那些化学试剂。为了促进授粉，大多数植物通过花朵散发香气，但芳香天竺葵却是通过叶片中所包含的珍贵精油来达到这一目的的。用手指摩擦叶片，您将闻到一股香气，这种香气非常有助于改善情绪。

铁树

学名：*Cycas revoluta*（属：苏铁属 种：苏铁）

光照 • 性喜光，但应为偏光。

湿度 • 性喜湿润，夏季应向叶片喷雾。

水分 • 夏季月份应于盆土干透之后浇水。冬季则应保持干燥。

日常打理 • 应注意避免过度浇水，且应避免向树冠处浇水，否则可能导致腐烂。植株各部位均具有一定毒性。

铁树是一种古老的植物，自恐龙时代便已经存在。虽然外表看起来像棕榈树，但铁树实际上是一种苏铁类植物——一种古老且类似蕨类的常青树。铁树易于打理，且生长速度很慢，因此一株铁树或许可以与您终身相伴。当您乔迁新居时，请务必将铁树一起带走，它是一种完美的减压工具，并且可以有效地净化空气，为室内空气环境清除毒素、增加湿度。

八角金盘

学名：*Fatsia japonica*（属：八角金盘属 种：八角金盘）

光照·偏好过滤后的阳光或轻度背阴。

湿度·性喜低、中湿度。

水分·春季至秋季应于盆土干燥之后浇透，凉爽月份应减少水量。如植株脱水，叶片将明显枯萎，在这种情况下应将整个花盆置于整桶水中浸泡10分钟，之后取出并充分排出水分。八角金盘生命力较强，将很快恢复生机。

日常打理·冬季应置于凉爽之处，远离火炉或散热器等直接热源放置。

~~~~~~~~~~~~~~~~~~~~~~~~~~~~~~

八角金盘是一种造景植物，巨大光滑的叶片形似手掌，非常适合新手种植。单独一株八角金盘会是一棵很好的景观植物，如果与其他大叶型热带植物一同种植，它们所创造的微型气候可以为您的房间增加湿度。室内湿度平衡对您的健康至关重要，尤其在冬季月份，中央供暖系统会使室内空气以及您的鼻腔和喉咙过于干燥，大大增加了感冒或其他呼吸系统疾病的发生概率。将八角金盘这种挺拔的植物带回家中，可以增加空气湿度，自然也会缓解身体的不适。（参见右侧配图）

波浪竹芋

学名：*Calathea rufibarba*（属：肖竹芋属 种：波浪竹芋）

光照•偏好散光。置于阳光直射处易灼伤叶片。

湿度•性喜湿，可将花盆置于有潮湿鹅卵石的托盘中，并按时向叶片喷雾。

水分•较温暖的月份应保持盆土湿润，冬季则应减少水量。叶片卷曲则说明植株处于缺水状态。

日常打理•可使用湿布擦拭叶片清除堆积的灰尘。请不要使用补光灯，否则波浪竹芋精致美观的叶片将受到损伤。

~~~~~~~~~~~~~~~~~~~~~~~~~~~~~~~~~~~~

波浪竹芋是肖竹芋属家族中的一员，同样具有坚挺的热带植物叶片。将其带回家中，物有所值。波浪竹芋人气极高，其叶片背面呈深紫红色且覆有一层细小茸毛，触摸起来有类似于丝绒的柔软手感。轻轻触摸植物的叶片与茎干，被证明有助于调节精神状态、镇定情绪以及改善心情。

青苔花园

所需材料

◆ 宽颈、附带盖子的透明玻璃容器

◆ 苔藓、装饰性鹅卵石、石子以及沉木木块

◆ 盆土、细砾石以及活性炭

日常打理 ◆ 将青苔花园远离强光放置，打开盖子，每个星期喷水几次，不应使其干透。密封容器，以减少水分蒸发并打造自我维持的微型气候条件。如果看不到玻璃上有水珠凝结，则说明容器内过于干燥，此时应增加湿度。

制作方法

首先，在容器底部铺一层细砾石；向盆土中添加两茶匙活性炭以防止滋生真菌，并将盆土铺在第一层砾石上。然后，将苔藓置于盆土上方，并细心地在苔藓表面布置鹅卵石和木块（如条件允许可使用镊子）。最后，向苔藓喷水并密封容器。

打理室内花园，被认为与打理室外花园类似，同样有益于调节精神状态，这对于我们这些不能拥有自己的花园的80%的城市居民来说是个好消息。使用玻璃容器或大玻璃罐制作桌面青苔花园，是将自然气息带入室内的绝佳方式。你只需要石子、木头以及活苔藓，就可以在家中打造属于自己的微型森林。

丝苇、苔云蕨以及迷你玻璃花房

有助于减压的植物

据美国一位著名生物学家认为，人类有一种与生俱来的渴望与自然相联系的天性，他创造了"亲生命性"[1]这一术语来描述该天性。我们中的大多数人都花费大量时间身处人工照明的现代化建筑中，与自然环境的接触机会非常有限，这种生活方式会致使焦虑与压力剧增。不过，我们种植植物所使用的土壤中含有一种叫作"外啡肽"的微生物，这种微生物是一种天然的抗抑郁剂，可以刺激大脑分泌所谓的"快乐化学物质"——血清素。

---

[1] 原术语为Biophilia，指"被生物包围所产生的丰富、自然的快乐"（the rich, natural pleasure that comes from being surrounded by living organisms）。

圣罗勒

学名：*Ocimum tenuiflorum*（属：罗勒属　种：圣罗勒）

光照 • 性喜光。
湿度 • 性喜湿润。
水分 • 应于盆土干透之后浇水，然后好好浸泡一下。

日常打理 • 圣罗勒种子在室内环境中发芽很快，所以您可以在一年四季连续种植该植物。

圣罗勒在印度阿育吠陀传统医学中被称作"图尔西"（tulsi），被认为是一种神圣的印度植物，是身体以及精神的滋补品。其花朵与叶片散发一种独特的香气，可舒缓紧张神经、减轻焦虑情绪。而作为居家植物，圣罗勒被认为是"超级补氧器"，一天之内释放氧气的时长在20个小时左右。圣罗勒与其他室内草本植物类似，冬天应放置于阳光充足的窗台，并远离直接热源放置。

球兰

学名：*Hoya carnosa*（属：秋兰属　种：球兰）

光照 • 性喜偏光。
湿度 • 性喜湿润，按时喷雾为宜。
水分 • 春季与秋季应保持盆土湿润，冬季应于盆土干透之后浇水。避免将花盆置于积水中，否则根部可能会腐烂。

日常打理 • 应使用排水性能良好的盆土以及树皮碎片。这种植物会在前一年开花的茎干上再次开花，所以请不要剪去旧茎干。

一个球兰可以使您的室内空间充满怡人的芳香，为您即时改善心情。球兰的外观呈一簇簇悬垂的美丽星状，其香气与茉莉类似，并含有少许香草与椰子的芳香。仔细观察球兰您会发现，每一朵花都挂着一滴晶莹的花蜜。如果您喜欢在早上吃甜品，那么可以尝一尝，球兰的花蜜香甜可口。

禅沙园

所需材料
- 一株小型对叶植物,如石莲花属植物等
- 浅玻璃碗,口径至少为植物直径的三倍
- 细沙,以及小耙子

日常打理 • 把碗置于光线充足但无阳光直射的位置,只有沙土干透之后才为多肉植物浇水。

制作方法

将植物放在碗的一个区域里,在植物的周围用细沙填至碗口高度,但不应覆盖植物叶片。用小耙子在沙子上画出同心图案,在这一过程中可以加几滴您最喜欢的精油来辅助集中注意力。

在日本佛教传统中,打造并打理禅意花园是冥想的一种形式。在沙子上耙出同心图案有助于静心,以及提升专注力。将注意力集中在手头进展缓慢的事务上,有助于清除压力与杂念。这种被称为"沙门"的技术既具有审美价值,又能达到冥想的目的。制作连续图案尽管看起来很简单,却需要耐心以及高度专注。

迷你玻璃花房

所需材料
- 密封的玻璃瓶或玻璃罐子
- 细砾石、活性炭、多用途盆土
- 观叶植物、苔藓

日常打理 · 应置于阳光充足但无直射的位置,并保持玻璃罐清洁,以保证罐内植物可以获取充足的阳光进行光合作用。罐内植物必然生长态势不一,假如较小株的植物第一周就枯萎了,那么请打开盖子小心地将其移除,以保证不影响其他植物的生长。

制作方法
在容器底部铺一层细砾石,深度大概为5厘米,并添加一茶匙活性炭防止滋生真菌。然后添加15厘米盆土,并用手指(如瓶口较窄可使用挖洞工具)挖一个尺寸适合第一株植物的小洞。将植物移出花盆,分散其根部以促进根须生长,轻轻放入洞口并压实盆土固定其根部。移栽其他植株时步骤相同,不过请注意为植株之间留足空隙以促进其各自生长以及空气流动。所有植株移栽完毕之后向盆土浇水,但不要浇透。在植株扎根的几天时间内,敞开容器口,如盆土干燥则添加水分。之后密封容器。

迷你玻璃花房将完整的生态系统纳入一个玻璃瓶或玻璃罐中,精致小巧、美观怡人,又极易种植。而且一旦制作成功,其内部完全可以自我维持,使您免于承受特意进行维护的压力。您可以使用任何密封玻璃罐进行制作,如保藏罐等,但最好选用阔口容器,更便于制作。您可以从较小容器开始练手,熟练之后换更大的容器来进行制作。适宜制作迷你玻璃花房的植物包括蕨类植物、苔藓以及具有醒目叶片的植物种类,如肖竹芋属以及网纹草属等。(参见右侧配图)

丝苇

学名：*Rhipsalis baccifera*（属：丝苇属 种：丝苇）

光照·性喜偏光、散光。

湿度·性喜湿，应按时喷雾。偶尔对植株进行整体冲洗。

水分·夏季月份可自由浇水，但应确认花盆排水孔通畅且根部未浸泡在积水中。冬季月份则应适当减少水量。如水分不足，茎干将会枯萎。

日常打理·该植物偏好清晨较柔和的阳光，下午时段则应将其置于阴凉处。如置于强光下，叶片可能会被灼伤。丝苇的花朵为白色，尺寸较小，绽放之后将生出类似槲寄生的白色浆果。

丝苇美观别致且易于打理，带回家中悬挂起来，可以为您减轻生活中的压力。这是一种没有刺的仙人掌科植物，同时也是生长在雨林树冠处的附生植物。不像沙漠中的仙人掌，丝苇性喜湿，具有肥厚多汁的茎干。丝苇适合放在浴室中，当您结束了一天的劳顿回到家中，可以一边舒服地泡澡解乏，一边欣赏它的美丽姿态。（参见左侧配图）

苔玉

所需材料

- 蕨类植物
- 赤玉盆栽土
- 苔藓
- 园艺麻绳

日常打理·苔藓球重量减轻则说明需要补充水分。将苔藓球置入水中浸泡10—15分钟直至完全浸透,沥干水分,然后重新置于避免阳光直射的潮湿处。

制作方法

将蕨类植物移出花盆,轻轻抖落根部盆土,然后用一层湿赤玉土包裹其根部。球体最终体积应大致与原花盆相等。之后,用苔藓包裹住制成的球体,并用麻绳将球体缠绕起来对苔藓进行固定。

苔玉起源于日本,对于这种形式的盆栽,植株可以脱离花盆。首先用土壤与苔藓依次包裹住植株的根部,之后用麻绳缠绕形成球状。借助这种方式,可将单独植株悬挂起来作为别致的亮点,也可以将数株植物紧凑地结合在一起,打造一座"绳索花园"。另外,您也可以将苔玉置于托盘中。选用可在黏土中旺盛生长的蕨类植物,在家中亲手制作苔玉,是一种释放压力的简易方法。而集中注意力打造这样一件精美的活体艺术品,本身也是一种冥想。(参见右侧配图)

球藻水中花园与蝴蝶兰

有助于增添快乐和幸福感的植物

每天打理自己的植物,看着它们茁壮成长,这种简单的日常仪式可以带来快乐和满足感。打理植物是一种慢节奏、带有冥想性质甚至谦卑的活动。做室内园艺可以帮助您学会保持耐心——无法揠苗助长,同时对未来充满希望。看着一片嫩叶舒展开来,或一根枝条深深扎根,会给您带来欣喜与快乐,同时您所花费的时间和精力也由此得到了回报。科学研究证明,做园艺有助于改善情绪,使我们更加快乐、更加积极乐观。

玉树

学名:*Crassula ovata*(属:青锁龙属 种:玉树)

光照•性喜光,偏光为宜。

湿度•低湿度为宜。

水分•夏季月份应于盆土干透之后浇水,冬季则应适当减少水量,保证叶片不会因为缺乏水分枯萎即可。

日常打理•每2—3年需换盆一次。成体植株的生长高度可至1米,置于任何房间之内都极其美观。

玉树是一种非常易于打理的植物,在某种程度上,这也是它在全世界人气经久不衰的原因之一。玉树属于多肉植物,叶片和茎干部位可以保持水分,偏好干燥环境,甚至一定程度的疏于打理也无法阻碍其健康生长。(参见左侧配图)

翡翠珠

学名：*Senecio rowleyanus*（属：鼠刺属　种：翡翠珠）

光照・性喜光，但应为偏光。
湿度・低湿度为宜。
水分・性喜湿润，应于表层盆土干透之后浇水。冬季则应保持盆土湿润，以防止叶片枯萎。

日常打理・将茎干置于盆土上，它将很快生根。您同样可以利用这种特性进行扦插繁殖，或使其顶部更加繁密。

翡翠珠是外观颇为怡人的植物之一，作为多肉植物，在居家植物人气排行中名列前茅。这种植物原产自南非，它有与小豌豆类似的形状和大小的球形叶片，这种叶片使其可以最大限度地减少水分流失，同时最大限度地进行光合作用。仔细观察您会发现，它的叶片上有一条深绿色的带状，与猫眼颇有几分相似。这条绿带被称为"表皮窗口"，可以使光线进入叶片内部，增加进行光合作用的表面积。翡翠珠如此聪慧、极具吸引力且极易打理，是您居家植物的完美选择。（参见右侧配图）

鳄梨（牛油果）

学名：*Persea gratissima*（属：鳄梨属 种：鳄梨）

所需材料

- 鳄梨果核
- 4根牙签
- 玻璃罐

日常打理 · 置于温暖干燥处，必要时则补水。通常于3—4个星期之后生出主根，进而生长出较小的须根。果核裂开之后，通常将很快发芽。待嫩芽生长至10厘米并生出两三片嫩叶之后，去掉牙签并将整体移栽至多用途盆土中，埋至花盆深度的一半，留出足够的空间以促进根系生长。之后，将花盆置于温暖、光线充足且无阳光直射的环境中。

制作方法

保持鳄梨果核尖头朝上，将多根牙签围绕果核中央部位按照水平方向插入，并保持相同间隔。牙签起到固定作用，因而须确认插入深度至少为5毫米。将果核置于玻璃罐口处，并向罐中加满水，使果核底部圆头浸泡于水中。

在家中使用果核自行培育的小型鳄梨树，很难结出果实。但这种方式的重点在于，从零开始亲手种植一株极具异域风情的植物，享受培育生命的乐趣。

生姜

学名：*Zingiber officinale*（属：姜属　种：姜种）

所需材料

- 姜块
- 多用途盆土
- 带有排水孔的花盆

日常打理·几个星期之后，生姜长出绿色的嫩芽，嫩芽将钻出盆土。6—8个月之后，茎干将生长至可以进行收割的长度。任其继续生长，则会成长为一株美观的居家植物，偏好温暖、光线充足且无阳光直射的生长环境。

制作方法

把姜块种植在花盆中，芽眼应与盆土表面齐平。浇足水之后，用干净的塑料袋把花盆罩起来，置于温暖且阳光充足的环境中即可。

生姜非常易于在家中种植，您不用花费太大的力气就可以在几个月后收获新鲜的茎干。这些茎干具有一种温和的姜味，非常适合用来泡酒或用作亚洲菜肴的配菜。而种植大约一年之后，您将可以收获成倍的姜块。着手种植时，请到街角的商店或超市里选购饱满且表皮光滑的姜块，最好明显带有细小的黄色生长点（称为"芽眼"），这些生长点就是生姜发芽的部位。把姜块栽种在花盆中，几个月后它将成长为一株美观的居家植物。

马达加斯加茉莉

学名：*Stephanotis floribunda*（属：黑鳗藤属 种：多花黑鳗藤）

光照・偏光或过滤后的阳光为宜。

湿度・性喜湿润，可将花盆置于有潮湿鹅卵石的托盘中，并按时喷雾。

水分・夏季应保持盆土湿润，冬季则应减少水量。

日常打理・通常于春季至秋季期间生长出花蕾并绽放，在该阶段应每周施用一次高钾肥料。

气味已被证明可以刺激我们的情绪。如果您曾在异国他乡度假，享受过异域植物沁人心脾的芳香，那么马达加斯加茉莉的香气将带您重温那一段美好的回忆。这种亚热带藤本植物原产自马达加斯加，作为居家植物同样可以适应较为凉爽的气候条件。有了网架或支撑线，它将借助其修长的缠绕茎攀爬到阳光房或温室的墙壁上。（参见左侧配图）

球藻水中花园

光照·避免阳光直射,否则球藻将变成褐色。球藻会在正常室内光线环境下进行光合作用。

水分·每一两个星期换一次水,气温较高的时节则应提高换水频率。瓶装纯净水或自来水均可使用。

日常打理·在自然栖息地,球藻会在湖底水流的推动下轻轻旋转,这有助于保持它们的圆度。如果您的球藻形状开始走样,您可以轻轻搅动水,使球藻另一侧着底。球藻生长非常缓慢,每年只增长5毫米。

圆润美观的球藻实际上是一种藻类,自然生长于日本阿寒湖以及冰岛米湖的纯净水域之中。根据传统习俗,赠送球藻意味着将同时实现赠送人与接收人的心愿。这些绿色的球藻代表可经受时间与磨难考验的矢志不渝的爱。(参见右侧配图)

石莲花与球藻水中花园

适合工作场所的植物

使用绿色植物装点办公场所,已被证明可以有效提高工作效率并改善工作人员的状态。如果通风不畅的建筑空间内湿度过低或过高,那么室内空气中的污染物(如霉菌或细菌等)会快速繁殖,导致所谓的"病态建筑综合征"。如果室内空间有限,可以选择较小的桌面植物,如棒叶虎尾兰(Sansevieria cylindrica)、一些种类的仙人掌,或在置物架上摆一盆翡翠珠,让它的枝条自然地垂下来。如果办公场所具有充足的自然光线与空间,则可以选择醒目的落地植物,为空间增添几分个性与异国情调。

石莲花

学名:*Echeveria*(属:石莲花属)

光照•性喜光或过滤后的阳光。

湿度•低湿度为宜。

水分•夏季应于盆土干透之后浇水。冬季石莲花将进入休眠状态,所以保持少量的水分摄入即可。

日常打理•小型植株单独种植在迷你花盆中会很快脱水。多株石莲花一起种植在较大花盆或玻璃容器中则更加美观,并且可以使维护工作的难度降低到最小限度。

单株乏味的仙人掌很容易被忽视,但如果使用精致的花盆同时种植若干株仙人掌,您的桌面空间将平添几分个性。仙人掌的品种多达数百种,且各具独特魅力,是完美的办公场所植物。只要放在阳光充足的位置,仙人掌和多肉植物就可以承受任何程度的忽视。相反,您对其关爱有加可能恰恰会缩短它们的寿命,所以请尽量少浇水。

石莲花是一种美观的多肉植物,它可以将水分储存在其玫瑰花状的叶片中。其叶片外观多种多样,有淡紫色、灰色或粉色,叶片表面质地光滑或毛茸茸,叶片形状有圆形或尖形。石莲花有各种各样的颜色、质地和形状,在市场上通常使用小型花盆做成迷你盆栽出售。(参见右侧配图)

黄毛掌

学名：*Opuntia microdasys*（属：仙人掌属　种：黄毛掌）

光照·性喜光或过滤后的阳光。

湿度·低湿度为宜。

水分·夏季光照水平较高时，应每个星期浇水一次。冬季总共仅需浇水1—2次，春季则可以恢复按时浇水。

日常打理·冬季应置于较凉爽的房间内，春季则放回较温暖的地方，以促进其开花。

黄毛掌看起来很像可爱的卡通兔子，但请不要忘情地抚摩这种仙人掌，以免被扎伤。它的茎节上覆有的叫作"芒刺"的细小茸毛，会很容易附着在手指上，摸起来像细小的尖细碎片。这些芒刺会刺激您的皮肤，需要用镊子拔除。与它打交道的时候请多加小心，夏天它将用黄色的碗状花朵回报您。（参见左侧配图）

锯齿昙花

学名:*Epiphyllum anguliger*(属:昙花属 种:锯齿昙花)

光照•偏好过滤后的阳光或轻度背阴。

湿度•性喜湿润,按时喷雾则长势更佳。

水分•春季至秋季应按时浇水,但浇水前须确认盆土已干透。冬季则应保持干燥,偶尔浇水。

日常打理•冬季将其移至凉爽环境下,可促进其来年秋季开花。锯齿昙花的花朵呈淡黄色,并散发出一种甜美芳香。

当您已经没有任何多余的桌面空间,那么完全可以充分利用垂直空间,将花盆放在置物架上,或使用流苏挂架把花盆悬挂起来。这种美丽的森林仙人掌作为悬挂植物,外观极为优雅,避免阳光直射可使其健康生长。(参见左侧配图)

松之雪

学名:*Haworthia attenuata*（属:十二卷属 种:松之雪）

光照•偏好过滤后的阳光。
湿度•低湿度为宜。
水分•夏季应于盆土干透之后浇水,冬季则应少量浇水。
日常打理•如置于阳光直射处,叶片会变成棕色。

~~~~~~

松之雪是一种多肉植物,外观小巧紧凑,且生长速度极慢,非常适合我们这些室内空间有限的人种植。将它们放在温暖且无阳光直射的地方,它们就能保持良好的生长态势。

鹅掌藤

学名：*Schefflera arboricola*（属：鹅掌柴属 种：鹅掌藤）

光照・性喜光，偏光为宜，但也可承受较低水平的光照条件。应避免强光直射。

湿度・性喜湿润，也可耐受较为干燥的生长环境。

水分・应于盆土表层干透之后浇水，且须确认花盆排水通畅。叶片发黄则代表浇水过量。

日常打理・每两年须移盆一次，移盆应选在春季进行。低水平光照条件下，鹅掌藤可能会生长过长，此时可以对其进行掐尖处理，以便其长得更加茂密集中。

鹅掌藤易于打理，环境适应能力较强，可以很好地适应配有集中供暖及中央空调设施的室内场所，是办公环境居家植物的完美选择。虽然一定程度的忽视不会影响它的生长，但它光滑的手掌形的叶片美观大方，仍然值得您为它花费一点儿精力。遵循我们的种植指引，您将收获一株健康、快速生长的鹅掌藤。

仙人掌大戟

学名：*Euphorbia ingens*（属：大戟属 种：仙人掌大戟）

光照・性喜光。

湿度・低湿度为宜。

水分・夏季月份生长期应适量浇水。冬季休眠期则应减少水量，浇水1—2次即可。

日常打理・大戟属植物分支茎干内的乳状汁液含有剧毒，请避免误食。其汁液接触皮肤之后也可能引发皮疹。

这种形似雕像的仙人掌可以生长至相当大的规模。您可以先把它放在桌面上，待其长大占用过多空间之后，再移到其他阳光充足的位置。（参见左侧配图）

雪铁芋（金钱树）

学名：*Zamioculcas zamiifolia*（属：雪铁芋属 种：雪铁芋）

光照・偏好过滤后的阳光或轻度背阴，可承受大多数类型的光照条件。

湿度・低湿度为宜。

水分・夏季月份应于盆土表层干透之后少量浇水。冬季则应每月浇水一次。

日常打理・为了保持紧凑形状，可剪掉生长过长的枝条。修剪应选在春季进行。

雪铁芋生命力极强，可承受疏于打理、阴暗或强光条件，以及低湿度等多种环境，堪称"办公场所内的明星"。另外，雪铁芋是一种极好的空气净化器，可有效清除空气中的毒素，如二甲苯、苯（常见于溶剂、油墨及油漆中）等可引发恶心及头痛症状的有害物质。同时，雪铁芋也是一种有效的氧合器，可改善室内空气质量。

一叶兰

学名：*Aspidistra elatior*（属：蜘蛛抱蛋属 种：一叶兰）

光照・性喜阴或轻度背阴。
湿度・低湿度为宜。
水分・应于盆土表层彻底干透之后浇水。冬季则应减少浇水频率。
日常打理・夏季应施肥一次，促进新叶生长。每2—3年移盆一次。

一叶兰的名字就表明了它的特点。办公室通风阴凉的位置通常很难种植植物，但一叶兰性喜阴，且生命力较强，非常适合用来装点办公场所的这一类角落。一叶兰或许称不上最令人惊艳的植物，但它的叶片具有一种醒目的建筑学美感，并且一部分品种的叶片还具有斑驳的色块、条状以及斑点等斑纹。

琴叶榕

学名:*Ficus lyrata*（属:榕属 种:琴叶榕）

光照 • 性喜光,但应为过滤后的光线。

湿度 • 性喜湿,宜按时喷雾。

水分 • 夏季应于盆土干透之后浇水,冬季保持盆土湿润即可。

日常打理 • 易于打理,但应避免过度浇水,且不应将花盆置于积水中,否则将导致根部腐烂。

琴叶榕来自热带雨林地区,与无花果树类似,属于较为大型的居家植物,可以将自然气息带入室内。琴叶榕叶片较大,不仅可以清除空气中的有害物质、控制室内湿度,还可以吸收噪声,是一种可以用来降低办公室闲谈噪声的理想植物。如果您的办公空间有限,那么可以选择琴叶榕的幼体植株。(参见右侧配图)

荷威椰子

学名：*Howea forsteriana*（属：荷威椰子属　种：荷威椰子）

光照 • 性喜半阴。

湿度 • 性喜湿润，应每隔几天喷雾一次。

水分 • 春季与秋季应于盆土表层干燥时浇水。冬季则应减少浇水频率。

日常打理 • 夏季应每两个星期施加一次液态肥料。置于风口或靠近散热器时，叶片将变成棕色。

～～～～～～～～～～～～～～～～～～～～～～～～

　　包括棕榈树在内的大叶植物，可对环境的湿度进行自然控制。当相对湿度较低时，它们通过蒸腾作用来释放更多水分；而当湿度较高时，它们便降低蒸腾速率。室内湿度对于我们的健康至关重要——湿度过低将使我们更容易患上感冒及流感，而湿度过高则会增加室内发霉的可能性。而且在高湿度的环境中，尘螨的繁殖速度也会加快。荷威椰子性喜阴，其生长高度可至2.5米，放在办公室的昏暗角落，它将成为一处别致的亮点。

波斯顿蕨

学名:*Nephrolepis exaltata*（属:肾蕨属 种:波斯顿蕨）

光照 • 性喜偏光,但也可承受轻度背阴环境。

湿度 • 性喜湿润。

水分 • 夏季月份应保持盆土水分充足,但不应将花盆置于积水中。冬季应于盆土干透之后浇水。

日常打理 • 应避免阳光直射,且应避免置于风口处。较凉爽月份应远离散热器放置,否则会导致叶片脱落。

波斯顿蕨与波士顿蕨是近亲,并且同样有助于清除室内空气中的毒素。相关测试结果显示,在清除空气中的甲苯方面,精致的波斯顿蕨傲居榜首。甲苯是一种常见于油漆、胶水、黏合剂以及清洁用品中的溶剂。甲苯会引发呼吸道问题,特别对于哮喘患者而言,极易加重病情。与波士顿蕨不同的是,波斯顿蕨更能适应干燥的办公环境,而且长势紧凑,放在办公桌上整齐美观。

美叶光萼荷(蜻蜓凤梨)

有利于治愈疾病、
恢复健康的植物

植物可以营造有利于人们恢复健康的环境。根据相关研究,病房中的植物可以使病人情绪更加积极,有助于降低病人的血压以及压力。将植物引进医院已被证明可帮助某些疾病症状减轻25%。仅仅靠近植物,便可以起到安神以及促进痊愈的效果;而身处植物环绕的环境中,一部分患者对止痛药的依赖程度甚至会有所降低。

鸟巢蕨

学名：*Asplenium nidus*（属：巢蕨属　种：鸟巢蕨）

光照・偏好过滤后的阳光或轻度背阴。

湿度・性喜湿润及较高湿度。每隔几天喷雾一次可使其健康生长。

水分・保持盆土湿润，但不应浇水过量出现积水。

日常打理・夏季月份应每两个星期施加一次均衡液态肥料。

　　干燥的空气环境经常引发头痛、眼痛、喉咙痛以及皮肤不适等症状，并加速了空气中病毒的传播。室内供暖系统会使室内空气干燥，因此冬季保持合适的室内湿度至关重要。较低的相对湿度同样也会加重呼吸系统疾病患者的相关症状。

　　如果您正在家中养病，那么完全可以在室内摆放若干包括鸟巢蕨在内的喜阴蕨类植物，以增加室内空气湿度。把它们放在装有潮湿鹅卵石的装饰碗中，它们将成为您的纯天然增湿器。（参见右侧配图）

楔叶铁线蕨

学名：*Adiantum raddianum*（属：铁线蕨属　种：楔叶铁线蕨）

光照 · 性喜过滤后的阳光或轻度背阴。

湿度 · 性喜湿，可将花盆置于有潮湿鹅卵石的托盘中，或每天喷雾。

水分 · 应保持盆土湿润，勿使盆土干透。

日常打理 · 如植株干透脱水，请将花盆浸泡在装满水的水槽中，使盆土充分浸透。春季可自植株基部剪除破损或黄褐色的茎干，新茎干将很快生长出来。

楔叶铁线蕨是世界上漂亮的蕨类植物之一，同时也是难养的一种。种植时请注意为其提供较高湿度，按时浇水，并远离风口放置。将其与其他喜湿喜阴的蕨类植物聚拢种植并摆放在潮湿的浴室中，楔叶铁线蕨长势将更加良好、存活率更高。（参见左侧配图）

具刺非洲天门冬

学名：*Asparagus densiflorus sprengeri*（属：天门冬属　种：具刺非洲天门冬）

光照·性喜过滤后的阳光或轻度背阴。

湿度·性喜湿，每隔几天喷雾一次长势更佳。

水分·应保持盆土湿润，但不致出现积水。

日常打理·如根系生长过长，则应于春季换盆。

具刺非洲天门冬看起来非常精致且柔弱，但实际上生命力极强。它弓形的茎干状似羽毛，并且可以生长很长，适合摆放在悬挂花盆中或置物架高处。（参见右侧配图）

美叶光萼荷

学名：*Aechmea fasciata*（属：光萼荷属　种：美叶光萼荷）

光照 • 性喜偏光或轻度背阴。

湿度 • 性喜湿润。

水分 • 应保持植株中心由叶片所组成的叶杯储有充足水分。

日常打理 • 及时清理叶杯，并每月至少清洗一次植株，如有灰尘沉积，则应增加清洗频率。使用蒸馏水或雨水储满叶杯将有助于防止自来水留下的沉积物堆积。

～～～～～～～～～～～～～～～～～～～～

美叶光萼荷是一种来自巴西的凤梨科植物，叶片为银白色，花穗呈霓虹粉，极具观赏价值。您可以将其与具有茂盛绿叶的龟背竹或绿绒属植物等森林植物一同种植，来映衬它宽大的叶片。凤梨科植物可以有效过滤空气中的挥发性有机化合物（VOCs），对于清除可能引发哮喘症状的丙酮（常见于指甲油或清洁用品中）尤其有效。（参见右侧配图）

芦荟

学名: *Aloe vera*（属:芦荟属 种:芦荟）

光照 • 性喜光或过滤后的阳光。

湿度 • 低湿度为宜。

水分 • 春季至秋季应每两个星期浇水一次，冬季则应保持盆土干燥。

日常打理 • 强光会灼伤叶片或使其变成褐色，因此夏季月份应稍远于窗台放置。可将母株附近生长出的幼体植株进行分株繁殖（参照第161页配图）。

芦荟是一种外表美观的园林植物，叶片肥厚多汁，其药用价值已为我们所熟知。芦荟叶片中的透明凝胶富含维生素、酵素、氨基酸以及其他化合物，可促进伤口愈合、治疗烧伤，具有抗菌消炎的功效。不过，芦荟较强的空气净化能力不太为人所知，芦荟是除去室内空气中甲醛的较好植物之一。芦荟适合放置在阳光充足的窗台上，即使疏于打理也可以维持较好的长势。它的肉质叶片可储存水分，因此浇水须适量。您可以把芦荟摆在厨房中。芦荟可以作为轻度烧伤或晒伤的应急药物来使用，使用时，仅需将靠近基部的叶片沿着靠近茎的地方剪下来，将凝胶涂抹在烧伤处即可。使用之后，可以用保鲜膜把未使用完的芦荟叶片包裹起来放在冰箱里，最多可保存两个星期。（参见右侧配图）

米卡多棒叶虎尾兰

有助于提升脑力与
专注力的植物

　　植物可帮助我们减轻精神疲劳。在日常工作中我们很难长时间盯着屏幕,其原因在于我们处理这种需要定向注意的工作能力有限。与此相反,在公园中散步则涉及无定向注意,此时我们可能时而盯住树丛,时而仔细观察叶片脉络。无定向注意对于我们来说更加轻松,并且可以使定向注意系统得到休息,为下一轮屏幕工作做好准备。或许您并没有时间去公园中散步,但完全可以在工作场所中摆放植物来复制大自然的绿色氛围。

洒金榕

学名：*Codiaeum variegatum*（属：变叶木属　种：洒金榕）

光照・性喜光以及偏光。

湿度・性喜湿，可将花盆放在有潮湿鹅卵石的托盘中保持湿度。这种方法与喷雾比起来效果更佳。

水分・春季与夏季应使用微温水保持盆土湿润，冬季则应在盆土干透之后浇水。

日常打理・应将其置于远离风口且恒温的环境中，但应远离热源。温度应保持在15℃以上。

相关测试表明，与完全没有自然气息的环境相比，摆放有活体植物的工作环境可以使办公更高效、更精确。现在，您在室内也可以享受五彩斑斓的叶片所带来的乐趣。洒金榕的叶片图案精致，呈彩虹色，与秋天的色调相呼应。这种植物并不是非常容易上手的，且对生长环境的变化较为敏感，从商店带它回家的路程中可能足以使其叶片脱落。但同时，洒金榕的生命力较为顽强，一旦安顿在温暖湿润的环境中，叶片会再次生长出来。

生石花

学名:*Lithops*(属:生石花属)

光照•性喜光,每天最好保持4—5个小时光照时间。

湿度•低湿度为宜。

水分•这种植物的休眠期为夏季,因此春季至夏末应少量浇水。初秋则应增加水量,使其叶片保持饱满状态。

日常打理•秋末,生石花叶片之间的裂缝中生长出花朵,花谢之后将生长出一组新叶片。此时请停止浇水,新叶片会从将要腐烂的老叶片中获取生长所需的水分与营养。

在桌面上摆放几小盆这种奇特的植物,可为您提供无定向注意的环境条件,您可以在工作过程中抽出一点时间来观察生石花。生石花是一种多肉植物,外观小巧精致,其形态已经演化到可以与周围的石块融为一体,这种聪明的特性可以使其免受饥饿的沙漠食草动物的掠食。

薄荷

学名:*Mentha*（属:薄荷属）

光照·性喜光,应置于阳光充足的地方。

湿度·低湿度为宜。

水分·应于盆土彻底干透之后浇水,浇水时应彻底浸透盆土。

日常打理·夏季应置于室外。此时如果开花,花朵将占用叶片所需的养分,因此应将花朵掐掉。

薄荷其实分为很多种类,而且所有种类都可以释放出一种带有天然刺激性的香气。薄荷有助于为我们提升精力水平、改善情绪,您可以试着用手指摩擦薄荷叶片使它释放香气,并深深吸一口。如果您感觉到有些疲乏,还可以用薄荷叶泡茶。清晨时分薄荷精油的浓度最高,所以此时泡茶效果最佳。

迷迭香

学名:*Rosmarinus officinalis*（属:迷迭香属 种:迷迭香）

光照·性喜光,应为其提供较强光照。

湿度·低湿度为宜。

水分·应于盆土彻底干透之后浇水,浇水时应浸透盆土。

日常打理·请选用砂质且排水良好的盆土,切忌将花盆置于积水中。对植株进行掐尖可使其长势更佳。

迷迭香是一种常见的烹饪香料,其所含成分已被证明有利于提升大脑功能,甚至它的香味也足以提升我们有关复杂内容和任务的记忆能力。迷迭香常被种植于户外,但如果把它放在门阶上或向阳的朝南的窗台上,它同样可以茁壮生长。您可以试着用手指摩擦迷迭香叶片,使其释放浓郁的香气并深深吸上一口,迷迭香植物精油的小分子将经由血液循环至我们的大脑。(参见右侧配图)

米卡多棒叶虎尾兰

学名：*Sansevieria bacularis*（属：虎尾兰属 种：米卡多棒叶虎尾兰）

光照・过滤后的阳光或轻度背阴为宜，可承受大多数光线条件。

湿度・低湿度为宜。

水分・应少量浇水。夏季月份应于盆土干透后浇水，冬季浇水频率则应减少到每月一次。

日常打理・这种植物倾向于收缩根部，因此换盆时请选用直径不超过根团直径5厘米的花盆。盆土可选用排水通畅的仙人掌盆土，或在多用途盆土中添加树皮碎片。

在有植物的环境中读书学习有助于集中注意力，并且可能增强记忆能力。如果您有大量信息需要消化吸收，那么推荐您在书桌上摆放一些植物，比如这里所提到的小巧紧凑的虎尾兰。米卡多棒叶虎尾兰生命力较强，可承受一定程度的干旱，以及光线较强或背阴的光线条件。（参见左侧配图）

棕竹

学名: *Rhapis excelsa*（属: 棕竹属　种: 棕竹）

光照・性喜阴,或轻度背阴。

湿度・低湿度至湿润为宜。夏季应向叶片喷雾。

水分・春季至秋季应于盆土干透之后浇足水,但不应出现积水。冬季则应减少水量。

日常打理・夏季可承受背阴程度较高的光线环境,但冬季光线减弱时则应靠近窗户摆放。

棕竹是一种大型植物,长势茂密,可为您打造郁郁葱葱的绿色环境。这种环境有助于集中注意力。棕竹是易于种植的棕榈植物之一,可承受低度光照以及干燥的空气环境。虽然生长速度较慢,但高度可达2米。另外,棕竹还是美国国家航空航天局所推荐的高效清除室内空气中常见毒素的植物。

褐斑伽蓝

学名：*Kalanchoe tomentosa*（属：伽蓝菜属 种：褐斑伽蓝）

光照 · 过滤后的阳光或偏光为宜。

湿度 · 低湿度为宜。

水分 · 应于盆土彻底干透之后浇水，浇水时应将水浇到花盆基部，避免溅水损害叶片。最理想的浇水方法是将花盆置于盛水的托盘中浸湿，直至盆土表层湿润为止。

日常打理 · 褐斑伽蓝可生长至1米高，形成一个树状轮廓的大型植物。可使用扦插法进行繁殖（参照第165页的操作方法）。

褐斑伽蓝，叶片像天鹅绒一样极具触感，非常适合摆在桌面上供您不时触摸。只是触摸柔软光滑的叶片也可以起到减压的作用。当您压力较大需要转移注意力时，可以把这株植物放在身边，便于自己进行快速的镇静平复。

橡皮树

学名：*Ficus elastica*（属：榕属　种：印度榕）

光照 · 过滤后的偏光为宜，阳光直晒将灼伤叶片。

湿度 · 气候较温暖的月份应经常使用冷水进行喷雾。

水分 · 夏季应于盆土表层干透之后浇水，冬季保持盆土湿润即可。

日常打理 · 为使植株保持良好的形状，应于春季进行修剪。每2—3年应换盆一次，以防植株被花盆限制。日常应远离风口放置并避免温度剧烈波动，否则将导致叶片脱落。

～～～～～～～～～～～～～～～～～～～～

橡皮树姿态优美，与其他种类的大型植物（如棕榈植物或龟背竹属植物）聚拢种植，可维持良好长势，并且有助于调节室内空气湿度。橡皮树是一种生长速度较快的榕属植物，如种植与打理方式得当，它将很快成为室内的夺目景观。橡皮树极具异域情调，凝视片刻便有助于恢复精力，使您可以重新专注于手头的工作。（参见右侧配图）

酒瓶兰

有利于促进沟通交流
与人际关系的植物

在自己周围种些植物有助于改善人际关系。据说，花费时间与植物相处的人，同样也会拥有较好的人际关系。与植物为伴有助于增强同情心，花时间关爱自然的人更有可能关爱他人。给自己的植物进行繁殖培育（参见第163页配图）简便易行，而将自己培育的植物赠予朋友或同事是建立关系的一种绝佳方法。

镜面草

学名：*Pilea peperomioides*（属：冷水花属 种：镜面草）

光照•性喜偏光。

湿度•性喜湿润及较高湿度。

水分•春季与夏季应保持盆土湿润，但不应出现积水。冬季则应于盆土表层干燥之后补充水分。

日常打理•春季最适合冷水花属植物进行繁殖，该季节的温度与光照可促进根须与叶片的生长，冬季则生长速度减缓。时常变换一下花盆角度，使镜面草的不同角度均匀接收光照。成体植株的形态可能会变得杂乱且顶部过重，此时可以培育更加紧凑的新植株。

镜面草是中国的本土植物品种，小巧紧凑，易于打理。把它摆在卧室、浴室或办公场所，会使人产生一种安心的舒适感。这种植物易于繁殖，便于与人分享。当幼体植株从盆土中钻出嫩芽，便可以小心地将其与母株分离，种植在花盆中。（参见右侧配图）

紫叶酢浆草

学名：*Oxalis triangularis*（属：酢浆草属 种：紫叶酢浆草）

光照·性喜光，偏光为宜。

湿度·性喜湿润。

水分·应于盆土表层干透之后浇水。冬季则应偶尔补充水分。

日常打理·使用鳞茎种植的紫叶酢浆草将于冬季月份进入休眠状态，且叶片将自然枯萎，此时应将花盆置于凉爽的环境中并停止浇水。在较温暖的春季月份紫叶酢浆草将生长出嫩芽，此时便可将其移回原位并重新开始浇水。

紫叶酢浆草优雅美观，叶片形似三叶草，针对光线条件的变化会做出反应——夜晚折叠起来，在阳光下则再次展开。它与酢浆草是近亲，其叶片与粉色花朵均可食用，含有一点柑橘的味道。摘掉花朵的话，它们在夏天还会继续长出来。这种植物的根系是一簇便于分离的块根，便于繁殖与分享。（参见右侧配图）

酒瓶兰

学名：*Beaucarnea recurvata*（属：酒瓶兰属　种：酒瓶兰）

光照•性喜光。

湿度•低湿度为宜。

水分•夏季应于盆土表层彻底干透之后补充水分，约每个星期浇水一次即可。冬季则应保持盆土干燥。

日常打理•这种植物的成体与幼体植株均可通过茎干保持水分以便过冬，应将其置于远离有寒冷气流通过的风口的地方。

酒瓶兰是一种球根棕榈树，树干可储存水分。因树干的形状与纹理酷似象腿，因而又得名"象腿树"。它的顶部为一簇精致的叶片，高度可达1米，姿态引人注目。植株成熟后，通过树干底部的枝条进行繁殖，衍生出分株或幼株。幼株便于移植，稍加打理就可以长出根系扎根在花盆中。（参见右侧配图）

爱之蔓

学名:*Ceropegia woodii*(属:吊灯花属 种:爱之蔓)

光照•性喜过滤后的阳光,应避免阳光直射。
湿度•低湿度为宜。

水分•应于盆土表层干燥之后浇水,冬季则应减少水量。
日常打理•切勿浇水过量。

爱之蔓是一种藤蔓植物,外观惹人喜爱,生长速度较快。干旱期,茎干和根部可一起生长出蓄水能力极强的块茎。您可以剪下这种块茎进行移植,但使用茎干进行扦插更加便捷,扦插之后它会像毛发一样开始生长。爱之蔓的生长速度较快,因此需要按时修剪。(参见左侧配图)

黑法师

学名:*Aeonium arboreum*（属:莲花掌属　种:黑法师）

光照•性喜光。

湿度•低湿度为宜。

水分•应于盆土充分干透之后用水浇透,但不应将其置于积水中。冬季则应少量浇水。

日常打理•冬季应将其置于凉爽、无霜的环境中,并远离散热器放置。

黑法师与石莲花等多肉植物类似,具有簇状的多肉莲座。幼体植株较为小巧紧凑,成熟之后茎干可能生长过长,会使顶部过重。您可以使用扦插法(参照第161页配图)对其形态进行整理,并培育新植株赠予好友。

吊竹梅

学名：*Tradescantia zebrina*（属：吊竹梅属 种：吊竹梅）

光照·性喜光，但应避免阳光直射。

湿度·性喜湿润及较高湿度。

水分·应保持盆土湿润，但不应出现积水。冬季则应于盆土干燥之后补充水分。

日常打理·吊竹梅成体植株的枝条可能会生长过长且细嫩，常对其进行掐尖处理则可保持较茂密的长势。掐掉的枝条可在水中快速生根。

～～～～～～～～～～～～～～～～～～～～

吊竹梅属植物有很多种类，因易于扎根而著称，比如具有美丽的银色与紫色条纹叶片的吊竹梅。您可以将它们放在置物架上，送给自己一面美观且生机勃勃的墙壁。（参见第163页配图）

竹节秋海棠

学名：*Begonia maculata*（属：秋海棠属　种：竹节秋海棠）

光照・性喜过滤后的阳光或轻度背阴。

湿度・性喜湿润。

水分・夏季应于盆土干透之后浇水，每个星期浇水一次。积水容易导致竹节秋海棠的肉质茎腐烂。冬季应保持干燥，但如果叶片卷曲则说明植株缺水严重。

日常打理・在较为温暖的月份可将花盆放在有潮湿鹅卵石的托盘中，以保持湿润。切勿向叶片喷雾，避免真菌病害、葡萄孢菌等诱发的真菌繁殖。冬季应远离散热器以及风口放置。

竹节秋海棠的叶片上点缀有奇特的银色斑点，成簇的花朵倾泻而下，使其在秋海棠属中脱颖而出。同时这种植物极易繁殖，剪下枝条插在水中即可生根。（参见右侧配图）

玉珠帘

学名:*Sedum morganianum*（属:景天属 种:玉珠帘）

光照•性喜光,但夏季应避免中午阳光直射,以防灼伤叶片。

湿度•低湿度为宜。

水分•夏季应于盆土彻底干透之后适量浇水,冬季则应少量补充水分。

日常打理•玉珠帘的叶片可储存大量水分,浇水时应直接浇到盆土上,避免沾湿叶片。请避免过度浇水,尤其是冬天,否则可能导致植株腐烂。

玉珠帘的叶片很脆,容易折断,因此处理这种多肉植物时须多加小心。6年及以上成体植株的茎长可达30厘米,每根茎上都有肥厚多汁的叶片。有时茎会因叶片过重而折断,但好在玉珠帘非常容易生根。您甚至可以将一根成熟的茎分成几段,培育成新植株分别赠予亲朋好友。

红网纹草

学名:*Fittonia verschaffeltii*（属:网纹草属　种:红网纹草）

光照・偏光或轻度背阴为宜。
湿度・性喜湿。
水分・应全年保持盆土湿润。
日常打理・红网纹草性喜湿，如果没有种植在玻璃容器中，也可以将花盆置于有潮湿鹅卵石的托盘中保持湿度。应保持盆土湿润但浇水不宜过量，积水会导致根部腐烂。如果盆土持续过度干燥则将致使叶片枯萎，此时对红网纹草进行充分浸水可使其恢复生机。

　　红网纹草植株小巧，性喜湿，非常适合用来制作玻璃瓶花园或迷你玻璃花房。当植株生长到10—15厘米时，您可以将茎干轻轻梳理开，分成三四份，每一份尽可能多地保留根系。然后将新植株与小型蕨类植物或苔藓一起种植在玻璃罐中，此时，它便成为一份馈赠亲友的鲜活的礼品（参照第63页制作方法）。

龟背竹

如何挑选植物

选择属于自己的植物并把它们带回家。

培养自身园艺才能的第一步,便是针对家中的室内环境选择合适的植物,并为植物的健康生长提供适宜的条件。刚开始的时候这一步或许会使人踌躇不前,但如果您能找到一家员工经过培训且可以提供专业建议的植物商店或苗圃,成功的概率便会大大增加。

首先,充分考量自己的室内环境,如光线与室温条件、室内空间以及植物的摆放位置等。可以从易于打理的植物开始练手,熟练之后便可以开始接触打理难度较高的植物类型。如果您的家中有宠物或者小孩,可以考虑购买悬挂类型的植物,远离宠物或小孩的可接触范围。

其次,选定植物类型之后,仔细观察确定植株的健康状况。照料不佳的植物易受病虫害损伤,在叶片与盆土上也可以看到疏于打理的痕迹。叶片是植物健康状况的绝佳指标，如果叶片上有褐色斑块或叶子枯黄，则说明这株植物可能感染了疾病或病毒。同时也要检查一下叶片背面是否存在害虫或损伤。如果发现小的绿色或白色的苍蝇、灰霉或白色斑点，则说明植物已感染病虫害，应避免选购。

最后，如果植物根须钻出了排水孔，则说明花盆太小，需要移植到更大的花盆中。而且要注意，这株植物可能由于空间有限营养不足而被削弱了生命力，可能易受病虫侵害。

鸟巢蕨

　　选好之后,回家之前请注意把它包好(热带居家植物尤其易受极端天气的影响,容易受损),对于热带植物来说,冬天请不要将其暴露在室外的寒冷环境中,夏天则应避免使其受到阳光直射。(参见上侧配图)

为您的植物选择正确的花盆

多数情况下，可使用附带排水孔的黑色塑料花盆种植居家植物。这种花盆虽然不够美观，但最实用——塑料材质可起到保湿作用，排水孔有利于排出积水。如果您想用更具有装饰性的花盆来衬托植物的可观赏性，为其赋予个性，那么可以选择尺寸相近且附带排水孔的花盆。如果没有排水孔，也可以用这种漂亮的花盆套在塑料花盆外面。浇水时应将塑料花盆取出，根据需要适量浇水，多余水分排出之后再放回外层花盆里。

第一次把植物带回家的时候，它需要一段时间去适应新环境。在最初的几个星期之内一些叶子脱落是正常现象，在这一阶段不要额外添加水或肥料，这只会使植物承受更大的压力。耐心等待几个星期，等植物适应了环境之后，您会发现它有生长的迹象。

本书末尾目录将为您列出与植物爱好者社区平台有关的资源信息，您可以通过这些资源信息与其他植物爱好者进行交流，获取日常种植、培育技巧以及陈列方法等。

肖竹芋与龟背竹

如何使居家植物保持良好状态

如果您为植物提供良好的生长条件,那将会获得植物的更多回报。比如,与挣扎在垂死边缘的植物比起来,一株健康的植物在清除空气中的毒素方面效率要高得多。而且经过精心打理的植物色彩鲜艳、姿态怡人,更具有观赏价值。

到专营商店中购买植物是一种明智的选择,员工经过专业的培训,可以为您提供日常打理的最佳建议。这种建议不仅仅来自经验,更来自基于植物自然栖息环境的知识对其生长需求的理解。我们日常种植的大多数观叶植物都来自南美洲低纬度热带雨林、亚洲以及非洲部分地区，这些地区具有典型的湿热气候。这些植物在雨林树冠的遮蔽下远离阳光直射茁壮成长，一部分小型的地被植物甚至生长在更加阴暗的环境中。这些植物大多偏好过滤后的光线以及温暖潮湿的环境。仙人掌，以及带刺或通过枝叶储存水分的多肉植物，大多来自干旱的沙漠地区，适应了当地炎热干燥的自然环境。这些植物的生长则需要充足的阳光以及适量的水分。

在自然栖息环境中，所有这些植物均通过阳光、雨水以及土壤来获取光线、水分以及营养，以满足生存的基本需求。当我们将植物带回家中种植在花盆里，我们便成为它们基本需求得以满足的唯一依靠。因此，我们在购买植物时应首选植物专营商店，并尽可能获取关于种植打理的最好建议。用心对待植物，它们会回馈您的爱。

光线

打理植物,首先应该了解植物的理想光线条件,然后在家中找到合适的位置来满足它们对光线的需求。天窗可以提供均匀的光线环境,对于植物来说非常完美。朝南的窗台处阳光最强、温度最高,而朝北的窗台处阳光最少、温度最低。光线随季节变化而波动,同时也会受到高层建筑以及附近树木的阻挡。请花费一点儿时间来了解您室内环境的光线条件,并参照本文来为家中的相应位置挑选适应相关条件的植物类型。

适宜植物

琴叶榕

锯齿昙花

心叶藤

镜面草

白脉竹芋

爱之蔓

龟背竹

一部分仙人掌及多肉植物

适合明亮偏光环境的植物

这些植物适合放在窗台附近,但应避免阳光直射。过滤后的阳光最适于它们生长,因此可以把它们放在透明的窗帘后面,或放在距离朝南窗台1米左右的位置。这种光线条件适合大多数大叶热带植物。

适宜植物

仙人掌以及多肉植物

芳香天竺葵

酒瓶兰

迷迭香

虎尾兰

适合阳光直射环境的植物

  这些植物大多来自沙漠地带或地中海地区，生长在阳光充足的环境中。放在阳光充足、夏季每天可接受十二小时光照的窗台上，可以使其保持良好的生长状态。有些窗台下面安装有散热器，在冬天，这些散热器会使植株脱水。冬天处于休眠期的植物，如仙人掌以及多肉植物等，需要放在较凉爽的位置。对于那些无法承受夏天阳光充足光线条件的植物，则可以在窗台上从冬天一直放到春天，冬天较低的光线水平有利于其生长。

适宜植物

凤梨科植物

肖竹芋

广东万年青

蕨类植物

常春藤

玉树

袖珍椰

白鹤芋（右侧配图）

虎尾兰

吊兰

适合轻度背阴以及背阴环境的植物

  这些植物生长在过滤光线或轻度背阴的环境中，如生长在雨林树冠遮蔽下的植物。这类植物大多偏好潮湿、湿润的环境，叶片会被直射阳光灼伤，因此应避免阳光直射。您可以选择室内只有几小时能被阳光照到或只有人造光的角落来放置这些植物。同时，喜阴、喜湿的植物通常可以在浴室或厨房中保持良好的长势。

水分与湿度

浇水频率取决于植物类型与季节。在气候温暖、光线充足的时节，植物进行蒸腾作用的速度更快，因此需要频繁浇水。总的来讲，为观叶居家植物浇水应待盆土表层彻底干透之后再浇，且将盆土浇透。而每隔几天少量补水的方法则可能出现积水。最简单的判断方法是将手指插入盆土5厘米深处，如果感觉到潮湿，就等它变干之后再浇水。在将植物悬挂起来的情况下，用手掂一下重量，如果重量较轻则通常说明需要补水。多肉植物与仙人掌通过叶片与茎干储存水分，如浇水过量将导致腐烂，因此浇水前应确认盆土已干透。在冬天，植物生长缓慢，且很多居家植物开始进入半休眠状态，此时应减少浇水，特别是仙人掌以及多肉植物。请检查花盆排水孔是否足以排出多余水分，避免将植物置于积水中，否则将导致根部腐烂，进而致使植物死亡。

许多居家植物来自热带地区且适应了高湿度环境。为了增加湿度，可定期为植物喷雾，并把不同植物聚拢在一起种植。植物的蒸腾作用可以形成湿润的微型气候环境。蕨类植物与肖竹芋在浴室或厨房的湿润环境中可保持良好的长势。仙人掌与多肉植物来自干旱地区，因此需要温暖干燥的生长环境。

施肥

实际上只有在植物充分生长的夏季才有施肥的必要。植物通过根部吸收溶解的肥料，因此干燥状态下的盆土会阻碍植物吸取养分。大多数居家植物适用包含氮、磷、钾的平衡液态肥料，您可以直接购买液态肥，也可以购买粉末状肥料用水进行稀释。在花期中或花期之前，居家植物需要高钾肥料。而对于规模较大的木质、树形居家植物，则可以将缓释颗粒肥料直接施加在盆土表面或盆土中，每年施肥一次。不要过度施肥，否则将危害植株的健康，致使其生长缓慢或叶尖转为黄褐色。

换盆

需要给植物换盆的典型信号是根系钻出排水孔。将植物轻轻倒出花盆，您可能会发现根系紧紧地缠绕在花盆里。如果浇水之后植物迅速枯萎或叶片颜色变浅或变黄，同样意味着植物无法充分吸收养分，需要换到较大的花盆中。粗略地来说，对于大多数成体植物，大致需要每2—3年换盆一次，对于幼体植物则更加频繁。一年中换盆的最佳时节是冬末或春初，因为正是植物开始生长的时节。

换盆所选用花盆的尺寸应不超过植物根系规模的两倍（通常直径不超过根系直径5厘米），且应附带排水通畅的排水孔。

换盆前30分钟给植物浇足水，然后将植物从原花盆取出。在新花盆中先铺一层盆土，大多数植物适用多用途盆土，但仙人掌、多肉植物以及兰花则需要特定类型的盆土。轻轻梳理根系，以促进其生长，然后将植物放进新花盆中进行固定，盆土表面高度应低于花盆边缘1厘米。使用更多盆土填充缝隙并把土压实，但不要压得过紧，否则不利于根系吸收氧气。移植完毕之后浇足水，待多余水分充分排出便可以把植物放到预定摆放的位置。

不过，如果您所养植物的植株较大而且您希望限制它的生长规模，那么可以对其茎干及根系进行修剪。这种修剪最多一年一次，最好在春季进行，且应使用干净锋利的修枝剪，修剪茎干时应切记只剪掉叶片节点（茎干生长新叶的突起处）以上的部分。如果您的植物生长过高且您希望其生长得更加茂密，此时可以进行掐尖。因为掐尖可促进侧叶生长，使茎干较低部位更加茂密。

在您出门时保持植物良好长势的方法

遵循以下规则，您的植物将在您出门时仍然保持良好长势且可以避免脱水。

• 将植物远离窗台放置。因为夏天的强烈阳光会使植物脱水，冬天则会使其受寒，所以要把它们移开。

• 将不同植物聚拢放在一起，打造湿润的微型生态环境。把蕨类等喜湿植物放在有潮湿鹅卵石的托盘中。水分蒸发时，植物周围的空气环境将变得湿润。

• 如果您的家中有浴室，可以准备几条旧毛巾，用水把毛巾浸透并像垫子一样铺在浴室中，增加环境湿度。将植物聚拢在一起摆在湿毛巾上，可为植物提供所需的水分与湿度。

• 如果您的家中没有浴室，则可以将厨房水槽蓄满水，然后准备一条毛巾，毛巾一端放在沥水板上，另一端放在水中。将植物放在沥水板的毛巾上，也可为植物提供所需的水分与湿度。

• 对于较大的植物，可以通过滴灌瓶补充水分。准备一个塑料瓶，切掉底部，并在盖子上钻一个小孔。将塑料瓶的盖子与瓶颈插入盆土，蓄满水之后就成了一个蓄水池，可以向植物根部进行滴灌来提供水分。

植物与宠物

家中宠物或许很难与植物"和平共处"。狗比较容易被驯化，而且如果给它提供宠物玩具等其他物品来吸引注意力，它将很快学会不去骚扰植物。猫相对棘手，尤其是养在室内的猫，它会在无聊的时候啃咬叶片、拨弄藤蔓或者在柜子上向悬挂植物发起进攻。室外环境中的猫会通过吃草来进行催吐，清除胃里的毛球、碎骨片以及羽毛。如果您养在室内的猫喜欢啃咬植物叶片，那么您可以种植几盆随处可见的"猫草"。猫草极易发芽，几个星期之后您的猫便拥有了一块可以用来啃食的室内草坪。

本书所介绍的一些植物对于动物来说具有毒性，不良反应的严重程度取决于误食量的多少以及宠物体形，不良反应通常表现为呕吐以及胃部不适。

适宜植物

  棕竹

  波士顿蕨

  蟹爪兰

  石莲花

  蝴蝶兰

  袖珍椰

  酒瓶兰

  吊兰

  美叶光萼荷

对动物无害的植物

  如果您家中的幼犬或幼猫喜欢啃咬叶片，左侧所列出的植物对您来说是最安全的选择。

不适宜植物

  心叶藤

  玉树

  虎尾兰

  龟背竹

  鹅掌藤

  雪铁芋

对动物有害的植物

  左侧列出的植物可导致您的宠物出现口腔发炎、呕吐以及胃部不适等症状。

桉树

如何培育新植株馈赠亲友

培育新植株简单易行，而且看着自己亲手培育出的幼体植株茁壮成长同样极具满足感。另外，您还可以把这些幼苗作为礼物馈赠给亲朋好友。

本章节将为您介绍五种培育方法：分株法、分蘖法、扦插法、水培法以及叶插法。不同方法的使用取决于不同植物种类的生长结构以及自然习性，以下将为您进行分类介绍。

1 分株法

日常打理 • 浇水时应直接浇到盆土上，避免沾湿叶片。适用于此法培育新植株的植物的叶片大多可以储存大量水分，过度浇水可能会导致植株腐烂，尤其是在冬天。

适用植物 • 凤梨科植物
　　　　　　　镜面草
　　　　　　　酒瓶兰
　　　　　　　吊兰
　　　　　　　芦荟等多肉植物

衍生幼体植株，是一种简单的繁殖方法。这些幼体植株（也称幼株）生长在母体植株基部周围，可对其进行简单的分离并种植在小花盆中。

操作方法 • 选择长度为5—10厘米，较为茁壮的幼体植株进行分株。可使用锋利的刀子分离幼株，也可以从花盆中取出母体植株并轻轻剥离幼株的根部。无论使用哪种方法，请尽可能多地保留根须。准备一个小花盆，填好适用盆土并用铅笔或挖洞器挖一个小洞，把幼株轻轻放进去，进行固定并浇湿盆土。幼株应避免阳光直射。几个星期之后幼株将生长出根系，在花盆中扎根固定。

2 分蘖法

日常打理·给盆土浇水并放在无阳光直射的温暖明亮的位置。该阶段请勿施肥或过度浇水,幼体植株被分离之后需要一段休眠期。少量补充水分并等待一段时间,幼体植株将开始生长。

适用植物·
棒叶虎尾兰
紫叶酢浆草
一叶兰
红网纹草
白鹤芋
肖竹芋
波斯顿蕨以及其他多数蕨类植物
美叶光萼荷

分蘖法适用于多数多茎植物,生长过于密集的成体植株也可以通过这种方法重新获得生机。分蘖法最好在春季进行,这样一来植物可以在夏季生长期进行恢复。

操作方法·首先为进行分蘖的植株浇水,并至少沥水30分钟。把植株取出花盆,并把它的枝丛轻轻分为两部分或三部分,注意充分保留根系。过于成熟的成体植株或许很难进行分离,您可能需要一把锋利的刀子来进行切割并分离缠绕在一起的根系。在新花盆中填好适用的盆土,并将分蘖后的植株按照之前的种植深度插在花盆中。请注意不要损伤根系。

3 扦插法

日常打理·新植株应放在光线充足但远离强光的位置,每1—2个星期检查新植株生长情况。如果长出了新叶,则可以去掉覆盖在花盆上的塑料袋。

适用植物·榕属植物

爱之蔓

龟背竹

黑法师(右侧配图)

此法简单易行,通常具有较高的成功率,且适用于多数软茎植物。春季以及夏季是植物的自然生长季节,最好在这种时节进行剪枝。在切面上涂抹生根粉有助于加速完成繁殖过程,但并非必需步骤。

操作方法·用一把修枝剪或锋利的刀子切下一段5—10厘米的茎干,并用切面一端蘸一下激素生根粉(如有)。在一个小花盆中填好适用盆土,插入适宜长度的茎干并添加水分(一个花盆可以插若干根茎干),然后用一个塑料袋把花盆罩起来,轻轻绑在花盆基部。如果对莲花掌属植物进行繁殖,则取下一朵附带5—10厘米茎干的莲座丛,将茎干切面平放几天。待其愈合之后准备一个小花盆,填好仙人掌盆土并把剪下的茎干轻轻插进去,埋实盆土加以固定,并少量补充水分。此时不要对花盆进行覆盖。

4 水培法

日常打理·保持盆土湿润（但水分不应过多），长出新叶之后便可以把新植株放在光线充足但无阳光直射的位置。

适用植物·秋海棠

心叶藤

吊竹梅（右侧配图）

常春藤

丝苇

对植物进行水培是易于操作的繁殖方法。选几个漂亮的玻璃容器，在等待插枝生根的过程中可以把玻璃容器暂时陈列在置物架上。在春季与夏季，植物处于生长期，剪取的插枝长度最好为10—12厘米。

操作方法·剪取一段长度约为5厘米的插枝，去掉下部叶片。将插枝放在盛有水的瓶子或长颈花瓶中，容器的尺寸最好足以放入插枝。插枝的茎干会自然产生一种激素促进根须自茎芽部位生长出来。如果容器过大，这种激素将会稀释在水中，生根过程将更加缓慢。生根过程一般需要几个星期的时间，其间如果发现水变混浊则应及时换水。当根须生长到几厘米长度之后，便可以将插枝移植到装有多用途盆土的小花盆中。

5 叶插法

日常打理·将托盘或花盆放在光线充足且无阳光直射的较为干燥的位置。在等待根系生长的过程中,偶尔向叶片喷水即可。

适用植物　秋海棠
　　　　　　仙人掌
　　　　　　石莲花
　　　　　　玉树
　　　　　　褐斑伽蓝(右侧配图)
　　　　　　虎尾兰
　　　　　　以及多种多肉植物与仙人掌

虽然从叶片上长出根系听起来很不可思议,但是许多植物,尤其是多肉植物以及仙人掌,确实具有这种神奇的能力。或许您已经注意到,石莲花的叶片落在盆土表面之后可以发芽。

操作方法·首先准备叶片。取叶片时用手指捏住叶片与母体植株的连接处,轻轻扭动直至整个叶片完全脱落(叶片自连接处发芽),或者您也可以直接捡取自然脱落的叶片。将叶片放到无阳光直射的干燥处静置几天,等待叶片脱落处结痂,这一点对于生根至关重要。准备一个较浅的托盘或小花盆,填好沙砾盆土,并用喷壶向盆土表面喷雾。此时应注意不要喷水过多,否则将导致叶片腐烂。如果对石莲花进行繁殖,则将叶片直接放在盆土表面即可,叶片会自行生出细小的根须。而对于其他种类的植物,尤其是仙人掌以及多肉植物,则将叶片的切面一侧插入盆土,深度约为2厘米。几个星期之后,叶片将成长发育为幼体植株。

适合不同室内
空间的植物

植物类型	适合放在具有自然光线的浴室或厨房的植物
空气凤梨 苔玉 翡翠珠 美叶光萼荷	大多数观叶植物偏好潮湿的环境，但多肉植物与大多数仙人掌除外，这两种植物自身可储存水分，在潮湿的环境中会腐烂。

植物类型	适合放在光线条件不佳的浴室的植物
波士顿蕨 锯齿昙花 蝴蝶兰 米卡多棒叶虎尾兰 吊兰	许多浴室只配有一扇小窗户，且通常装有毛玻璃，对自然光线起到了一定的阻挡作用。幸运的是，一些来自雨林阴暗环境的喜湿植物偏好这种较暗的光照条件。

植物类型	适合放在室内阴暗角落的植物
文竹 广东万年青 袖珍椰 白鹤芋 肖竹芋及其他肖竹芋属植物 竹节秋海棠	如果您住在地下室公寓，或者空间较大且采光条件有限致使屋内存在死角的房间，那可能已经放弃了寻找适宜种植的植物。但是有些植物恰恰偏好这种环境，可以在光线不充足的环境中茁壮成长。

植物类型	适合放在阳光充足的窗台的植物
大多数仙人掌 所有石莲花属植物 玉树 酒瓶兰 虎尾兰	朝南的窗台是性喜光植物的完美生长环境。但窗台阳光充足且气温较高,不适合多叶类型的植物,所以夏季月份应将观叶植物搬离窗台。

植物类型	适合放在壁炉或置物架上的植物
狐尾天门冬 心叶藤 吊竹梅 丝苇 鹿角蕨 爱之蔓	只要自然光线充足,这些位置非常适合摆放蔓生植物,它们迷人的枝叶可以倾泻而下。使用重量较大的花盆可以对植株起到稳定作用,避免其向前倾斜。

植物类型	适合放在通风走廊的植物
鸟巢蕨 一叶兰 常春藤 凤尾蕨 绿萝	冷空气和低度光照条件下不适合种植热带植物,但是如果您想在昏暗的走廊中摆放几株植物,那么可以挑选一些生命力较强的品种。

植物类型	适合放在办公场所的植物
棒叶虎尾兰 一叶兰 石莲花 荷威椰子 翡翠珠 松之雪	现代办公场所通常空气质量欠佳。摆放几种植物可以净化空气，打造更加健康的办公场所。 如果场所空间有限，建议选择可以摆放在桌面或挂在架子上的植物品种。

仙人掌大戟、米卡多棒叶虎
尾兰、空气凤梨以及虎尾兰

十种易于打理的植物

无论您家中条件如何,也无论您在种植植物方面多么地缺乏经验,总有一种植物适合您。如果您曾养死过植物,比起疏于打理,原因可能更在于太过于用心。过度浇水,尤其是在冬季月份,是植物的头号杀手。如果您在一段时间内忽视了自己的植物,请不要通过大量补水或大量施肥来进行弥补——这种行为实际上会使植物根系无法获得氧气,善意地将它置于死地。只要在盆土表层干透之后浇水,就大致无误。下面为您介绍十种易于打理的入门植物。这些植物生命力顽强,只要给予少量关注,便可以得到丰厚的回报。

01 芦荟

芦荟适合放在阳光充足的位置，但夏季月份应避免强光暴晒。芦荟的肉质叶片肥厚多汁，可以在冬天很好地应对中央供暖所带来的干燥。芦荟具有非常实用的药用价值，只要确保少量的水分供应，您就可以收获很多幼体芦荟。您可以将幼体芦荟种在花盆中馈赠亲友，也可以将其用于美容护肤或榨汁。

02 鸟巢蕨

很多蕨类植物都十分美观，但其中的一些品种很难打理。然而鸟巢蕨并不处于难打理的品种行列，结实得就像一双老皮靴。鸟巢蕨偏好避光阴凉的环境，因此很适合用来装点家中阴暗的角落，用它明媚的绿叶增添一份生机。

03 仙人掌

仙人掌来自沙漠地带，因此您可以试着复制那种炎热干燥且光线充足的生长环境。仙人掌是一种非常适合新手的植物，其自身可以储存水分，基本不需要太多打理，但切记不要积水。种植仙人掌请选用有排水孔的花盆以及排水通畅的盆土类型。这种植物可以应对最极端的自然条件，堪称"耐力与力量的象征"。

04 爱之蔓

爱之蔓堪称最优雅的藤蔓植物,它的根部长有块茎,以适应干旱的自然条件。这些块茎可以像水槽一样储存水分,因此这种植物即便长期疏于打理也仍然可以保持生命力。夏天把它放在光线充足且无阳光直射的置物架高处,您将亲眼见证生命的奇迹。如果藤蔓生长过长,您可以对其进行修剪以维持较为茂密的长势。

05 玉树

玉树以生命力顽强而著称,它的茎干和叶子可以储存水分,足以应对干旱的自然条件。

06 锯齿昙花

这种植物来自中美地区的雨林,生长在庇荫的树冠中。因此种植锯齿昙花请注意避免阳光直射,否则将使其叶片受到损伤。除光线条件外,还需要注意的便是适量浇水,每隔一两个星期浇透一次就足够了。这种植物易于打理却相对稀少,如果有幸见到一株要抓紧机会买下来,它可能会在夏天回馈给您芳香。

07 心叶藤

心叶藤外表美观、易于打理,可以承受低度光照环境且生长速度极快。这种植物非常适合用于装点房间中的背阴空间,或在阴暗楼梯的扶手上倾泻而下。

08　虎尾兰

这种植物寿命很长且生命力极强,甚至可以与您终身相伴。这种植物同样以坚韧而著称,能够承受低度光照以及强光直射,几乎可以适应任何光线条件。您只需要注意一点——不要过度浇水,否则它的茎干最终将腐烂。

09　鹅掌藤

鹅掌藤广受欢迎,不仅因为它拥有漂亮的掌状叶片,还在于它对于恶劣生长环境的承受能力。鹅掌藤可以适应不稳定的水分条件,也可以承受中央供暖所造成的干燥。您可以在盆土脱水之后用水浇透,但请确保花盆排水通畅。如出现积水,它的叶片将开始枯黄并掉落。

10　丝兰

丝兰是一种大型景观植物,其成本较高,因此最好选择健康且美观的植株。丝兰生命力顽强,性喜光,可在阳光下暴晒且耐旱。夏季月份可以把它放在阳光充足的位置,随意浇水施肥,但需确保盆土无积水。这种植物生长速度很快,如果植株过大可以将枝干剪短到您想要的长度,叶片会很快在剪短的枝干上再次生长出来。

相关资源

@BOTANYGEEK
点击IGTV选项可查看丰富的种植指南。

@CLEVERBLOOM & WWW.CLEVERBLOM.COM
内有针对新手园丁的建议。

@HAARKON_ & WWW.HAARKON.CO.UK
可浏览有趣且怡人的全球绿色探险旅程的有关信息。

@JAMIES_JUNGLE
来自伦敦,收藏了有关令人惊艳的热带植物的信息,同时也是植物相关资料与打理知识的必备之选。

@LA_SIDHU
来自英国的狂热植物爱好者。

@LITTLEGREENFINGERS & WWW.LITTLEGREENFINGERS.DK
在空间局促的公寓里种植植物。

@MUDDY_MADDIE
马蒂持有皇家园艺协会资格证,将带你进入一个神奇的植物世界。

@NOUGHTICULTURE
关于从繁殖到抢救濒死植物所有细节的启发与建议。

@SEEDTOSTEM & WWW.SEEDTOSTEM.COM
迷你玻璃花房与生物圈灵感。

@VERUROUSWOMEN
两位来自波特兰的女士展示了她们的迷人植物。

关于作者

弗兰·贝利（Fran Bailey）是一位曾获得有关奖项的园艺家，在约克附近的一所插花苗圃中长大。她的父亲来自荷兰，受父亲影响，弗兰·贝利热爱所有与植物学相关的内容。她曾在威尔士园艺学院求学，之后来到伦敦成为一名自由花艺师。后来，她在伦敦南部开了自己的第一家店——鲜花公司（Fresh Flower Company）。2013年，随着新店"森林"（Forest）开张，她将业务拓展到与居家植物有关的领域。"森林"现由弗兰在女儿们的帮助下经营。此外，弗兰还曾与英国皇家园艺协会（RHS）合作，写了另外两本有关居家植物的书。欢迎您造访伦敦森林，或在照片墙（Instagram）上关注@Forest_london。

鸣谢

弗兰·贝利特此感谢森林与鲜花的团队成员，尤其是她的女儿爱丽丝、马蒂以及西娅，在她缺席期间维持经营。

感谢埃伯瑞出版社（Ebury Press）的艾伦·琼斯的鼓励与支持，感谢白狐公司（WHITEFOX）的卡洛琳·麦克阿瑟以及安娜·库鲁格。最后，感谢意象派公司的露西，以及史蒂芬妮·麦克劳德，她们描绘的美丽的植物肖像为本书带来了生机。